W0069835

#malehrlich
52 ungeschminkte Impulse einer Unternehmerin

Gewidmet meinen Eltern
und all meinen Wegbegleitern

INHALT

INHALT

Prolog

Prolog

Revolution braucht Innovation und mutige Kräfte,
die sich an Veränderung wagen – keine Straßenschlacht.

Der Traum, der perfekte Unternehmer zu sein, ist vermutlich so alt wie das Unternehmertum selbst. Wie eine Art eigenes Gen zeichnet uns der innere Drang, etwas aufzubauen und unternehmerisch zu denken. Mit Neugierde und riesigem Interesse verfolge ich jene Lebensläufe von Unternehmern, denen dieses spezielle Leben des Unternehmertums nicht daheim vorgelebt wurde. Ich durfte von meiner Kindheit an in den Genuss kommen – als Kind einer Unternehmerfamilie gehören unternehmerisches Denken und Handeln zu meinen Grundfesten. Für diese Lerneinheiten bin ich sehr dankbar und widme mich in tiefer Verbundenheit dieser Thematik, die mir in Fleisch und Blut übergegangen ist.

Als Frau in einer Männerdomäne habe ich natürlich auch so manche Widerstände zu durchbrechen gelernt und möchte meine Erfahrungen heute mit jungen Unternehmerinnen teilen. Frauen in Führungspositionen sollten diese Aufgabe nicht mehr länger als Herausforderung oder harten Kampf verstehen, sondern als Vorbildfunktion für andere Frauen und als Chance, die sich uns bietet. Frauen besitzen an vielen Punkten viel mehr Kompetenz – wesentlich sind hierbei Empathie und die Gabe, Zwischentöne zu erkennen. Sie sorgen sehr oft wie aus einem natürlichen Impuls heraus für ein gutes Team, sind offen für Veränderung und denken fernab alter und verstaubter Konventionen.

Unternehmertum bedeutet für mich, den Nachwuchs zu stärken, Geschlechterkonventionen zu durchbrechen und eine Zeit mitprägen zu können, in der Tradition und Moderne ein großes Ganzes formen. Hinzu kommen Prozesse der Digitalisierung, die für ein Weiterkommen unabdingbar sind. Es ist nicht möglich, sich der Digitalisierung zu versperren, und dennoch ist es zentral, dass wir weiterhin ergänzend auch auf klassische Medien und Strukturen bauen. Genau drei Faktoren prägen die Unternehmen der Zukunft: mutige Entscheidungen, innovative Technologien und gesamtgesellschaftliche Verantwortung.

Unternehmertum bedeutet mutig zu sein, denn jede Entscheidung kann weitreichende Konsequenzen mit sich bringen. Ziele können verfehlt werden, Abschlüsse ausbleiben oder Produktionen finden keinen Anklang. Im Gegenzug dazu kann völlig unerwartet über Nacht der große Durchbruch anstehen – auch dieses Szenario muss optimal gestaltet und souverän bearbeitet werden (auch wenn dies nicht immer perfekt funktioniert). Moderne Unternehmen stehen heute in einem Spannungsfeld aus Erfolgen und eventuell zu revidierenden Entscheidungen – eine gesunde Fehlerkultur gehört zum A und O. Alles ist komplex, die Fülle an Möglichkeiten ist derart enorm, welche es mit einem kühlen Kopf abzuwägen gilt. Nicht jeder Trend muss mitgemacht werden, aber zumindest sollte sich ein Unternehmer informieren und bilden. Und seine Optionen kennen, auch wenn er sie nicht alle ausschöpfen will und kann.

Egal, wie Entscheidungen auf andere wirken, sie sollten immer auf die eigene Marke einzahlen und anderen als Vorbild dienen können. Dies ist ein zentraler Punkt meines Lebens als Unternehmerin – ich möchte etwas schaffen, was andere motiviert. Ich möchte jungen Menschen Werte vorleben und ihnen zeigen, dass dies für mich der wesentliche Inhalt meines Unternehmertums ist. Möchte man etwas für die Gemeinschaft bewirken, ist gelebte Teilhabe zentral.

Mit unserer Unterstützung der globalen Aktion „Plant for the Planet" bringe ich zum Beispiel Kindern aktiv gelebte Wertekultur nah – sie pflanzen in Kooperation mit den Wirtschaftsjunioren Aschaffenburg Bäume, stehen nach einer Ausbildung in unserer Akademie selbst auf der Bühne und begegnen Erwachsenen aufgeweckt mit kritischen Fragen. Am Herzen liegt mir, dass der Nachwuchs den wertvollen Praxisbezug kennenlernt – langfristig tragen wir so gemeinsam aktiv dazu bei, dass unser CO_2-Fußabdruck kleiner wird.

Ich traue mich groß zu denken und möchte Kinder ebenso dazu ermutigen – aus einem lokalen Umweltprojekt habe ich eine weltweite Netzwerkarbeit geschaffen und lebe praktiziertes Umweltbewusstsein. Warum ist das für mein Wirken als Unternehmerin wesentlich? Ich trenne die private Vanessa nicht von der beruflichen und stehe für meine Tätigkeiten ein – auf allen Ebenen. Aus mutigen Kindern werden starke Erwachsene und erfolgreiche Unternehmer.

Was wäre, wenn Unternehmertum in Deutschland zu einem Schulfach würde? Ein Szenario... Wünschenswert und absolut notwendig – wir brauchen Trends gegen weltfremde Ausbildungen und haben theoretisch täglich die Chance, uns für mehr Gleichheit und starke Stimmen einzusetzen. Mut zur Innovation und die Förderung von Mädchen sind längst schon keine Märchen mehr, aber immer noch nicht als ganze Bewegung formiert. Ich versuche als Frau im Business als Vorbild voranzugehen und wertvolle Impulse zu vermitteln, denn manchmal muss man es einfach versuchen.

Auch wenn uns alle Türen offenstehen und wir die Wahl haben, wie viel Engagement wir zeigen oder wie wir uns positionieren: Die Verantwortung für das eigene Handeln bleibt bei uns – wir können Vorbilder sein. Lasst es uns doch einfach tun!

Werte
Werte

Komplexität reduzieren und dann ist alles gut? Wertekultur liefert den Anreiz für Mitarbeiter & Projektpartner, Herausforderungen zu erschließen – so verbinden sich Menschen nachhaltig und führen wertvolle Lösungen – buchstäblich voll an Wert – herbei!

„Das Herz der Firmen von morgen ist die reine Technik" – weit gefehlt! Unternehmenswerte beeinflussen die Erfolge massiv, mehr noch sind sie grundlegende Erfolgsfaktoren – intern und extern. Als wünschenswerte und moralische Kategorisierungen definieren Werte in Unternehmen maßgeblich Erfolge und Misserfolge. Sie sind Verhaltensmuster und eine Art Maßstab für Handlungen, durch alle Abteilungen hindurch. Als unternehmerisches Erbgut sind Werte das, was die Leitlinie für alle Persönlichkeitstypen – die zwangsläufig in Firmen aufeinandertreffen – ausmacht. Nur unter diesem vorgelebten Gerüst zusammengeführt entstehen Teams und Nachhaltigkeit in der Kultur, in den Produktionen und im Austausch. Mehr noch prägen Werte, wenn sie glaubwürdig und ernsthaft gelebt werden, die Position, die ein Unternehmen am Markt vertritt.

Gut gemeint ist nicht gleich auch gut gemacht – ein guter Ruf ernsthaft verkörperter Werte ist gleichzeitig auch eine Aufforderung zur Handlung, denn Identifikation, Potenzial und Produktivität zeigen sich spätestens in den Ergebnistypen und dem Modell innerer Stabilität hinter dem Wunsch nach Kundenbindung. Eine bloße Strahlkraft nach außen hilft vielleicht bei der Kundengewinnung, steht aber wie eine leere Hülle, wenn Unachtsamkeit hinter den Kulissen gelebt wird.

Sicherlich ist die Gewichtung einzelner Faktoren in Unternehmen unterschiedlich – ob Effizienz gewünscht wird, Innovation oder Loyalität definiert jedes Unternehmen als Teil der Wertekultur natürlich individuell. Nur, wer seine Werte kennt, kann sich und seine Unternehmung auch zielführend definieren. Wir sollten Werte als Koordinaten zu einem erfüllten Business begreifen!

WERTE

„Sei du selbst die Veränderung,
die du dir wünschst für diese Welt."

Dalai Lama

#1

Warum jedes Team Werte braucht – und wie man die richtigen findet

„Wir können den Wind nicht ändern, aber wir können die Segel anders setzen."

Mit diesem Zitat habe ich kürzlich einen Workshop mit meinen Mitarbeitern eingeleitet. Für einen halben Tag habe ich alle zusammengetrommelt, um mit ihnen über ein Thema zu sprechen, das mir als Führungskraft sehr am Herzen liegt: ein gemeinsames Wertesystem, das wir intern und extern in unsere Arbeit integrieren und leben. Warum ich das für so wichtig halte? Weil es Identität stiftet. Und weil Mitarbeiter, die sich über gemeinsame Werte mit ihren Kollegen und ihrer Firma verbunden fühlen, für gewöhnlich länger im Unternehmen bleiben, mehr Eigenverantwortung für den Kunden übernehmen und darüber hinaus auch noch gerne zur Arbeit kommen.

Da wir in den letzten Jahren als Unternehmen stark gewachsen sind, war es mir wichtig, das ganze Team abzuholen und gemeinsam mit allen Mitarbeitern eine neue Unternehmenskultur zu erarbeiten, also eine große Frage zu beantworten: Wie wollen wir sein?

Wie finden wir unsere Werte?

Der Workshop begann mit einer einfachen Aufgabe: Jeder Teilnehmer sollte einen Wert aufschreiben, der ihm am wichtigsten in der Zusammenarbeit ist. Frei von der Position im Unternehmen und irgendwelchen Hierarchien hatte jeder das gleiche Mitspracherecht, denn letztendlich machen ja genau die vielen Persönlichkeiten und Meinungen unser Team aus.

Überrascht stellte ich fest, dass viele von uns schon in die gleiche Richtung dachten. Schnell merkten wir, dass vor allem eines bei uns im Mittelpunkt stehen sollte: die familiäre Gemeinschaft. Flankiert wurde diese von den Begriffen „Respekt", „Vertrauen" und „zukunftsorientiert". Wir sprachen ausgiebig darüber, was diese Wörter wirklich für uns bedeuteten, und haben sie noch einmal stärker für uns definiert. Schließlich wollten wir sicherstellen, dass wir, wenn es um die Anwendung im Alltag geht, auch wirklich alle von der gleichen Sache sprechen. An diesen Begrifflichkeiten, die in den folgenden Wochen noch ein wenig angepasst wurden, wollten wir uns in Zukunft „messen" – zunächst im gemeinsamen Miteinander, aber natürlich auch im Umgang mit den Kunden. Das sollte im besten Fall Hand in Hand gehen. Unser „Werte-Rad" haben alle Mitarbeiter am Ende des Workshops unterschrieben, was dem Ganzen auch eine gewisse Verbindlichkeit gab.

Werte dienen als Kompass

Was mir besonders gut daran gefällt ist, dass wir jetzt klare Werte definiert haben, die uns Guidelines bieten: Sie bringen gleichzeitig die Chance mit sich, auch in der Kommunikation offener zu werden. Wenn ein Mitarbeiter mir zum Beispiel versprochen hat, ein Angebot an den Kunden rauszuschicken und das vergisst, dann kann ich ihn an unseren Wert „Vertrauen" und die damit verbundene Verlässlichkeit erinnern. Genauso dürfen – und sollen – mich meine Mitarbeiter „zurechtweisen" und an einen respektvollen, freundlichen Umgang erinnern, wenn mein Ton mal zu harsch wird. Im Mitarbeitergespräch können wir uns zudem wunderbar an diesen Begrifflichkeiten orientieren.

Veränderung geht nicht von heute auf morgen

Eines darf man bei einem solchen Projekt nicht vergessen: Veränderung braucht immer Zeit. Bei manch einem Mitarbeiter dauert es vielleicht ein bisschen länger, sich an den Kulturwandel zu gewöhnen. Es sind ja nicht nur die Werte selbst. Ganze Unternehmensstrukturen und Führungsstile verändern sich – auch bei uns. Das klassische Silodenken wird aufgebrochen, die stark ausgeprägten Hierarchien, die früher völlig normal waren, werden abgeschafft. Die typische Pyramide von damals, wo der Chef von oben herab dirigiert hat, dreht sich heute um. Ganz oben stehen neben dem Kunden, der immer im Fokus ist, vor allem die Angestellten an der Basis. Die Führungskraft sollte im besten Fall von ganz unten als Dienstleiter und nicht von oben als Befehlshaber fungieren.

Impulse kompakt

Und genau darum ist es auch so wichtig, Unternehmenswerte gemeinsam mit dem Team zu erarbeiteten und sie ihm nicht einfach als beschlossene Sache vorzusetzen. Denn am Ende sind es vor allem die Mitarbeiter, die die Werte leben und nach außen an den Kunden herantragen – und so zeigen, wofür unsere Firma steht.

#2

Warum wir regelmäßig unsere Werte auf den Prüfstand stellen sollten

Werte im Wandel – Bewegung ist ausdrücklich gewünscht!

Wertebasiertes Führen ist nicht nur ein Buzzword aus dem „New Work"-Kosmos, sondern die Grundlage für ein gutes Miteinander in der Firma.

Ich war 22 Jahre alt, als ich unser Familienunternehmen von meinem Vater übernommen und angefangen habe, einen eigenen Führungsstil zu entwickeln. Der hat sich natürlich zunächst an den bestehenden Strukturen orientiert. Doch mit den Jahren hat sich meine Art zu führen verändert und den Gegebenheiten angepasst. Es sind neue Mitarbeiter ins Team gekommen, wir sind gewachsen und haben uns, vor allem im Rahmen der Digitalisierung, auch als Unternehmen gewandelt.

Weil diese Change-Prozesse nie ganz abgeschlossen sind, halte ich es für wichtig, unsere Werte und meinen wertebasierten Führungsstil regelmäßig zu hinterfragen und auf die Probe zu stellen – und natürlich auch meinem Team anzugleichen. Klar, am Ende bin ich die Chefin und muss die Verantwortung tragen, aber ein Team funktioniert einfach besser und kann authentischer für die Firma einstehen, wenn man sich auf ein gemeinsames Leitbild einigt, das man nach innen und außen transportiert. Der wichtigste Schritt dafür? Einfach loslegen!

So habe ich meine Unternehmenswerte gefunden
1. Finde dich selbst

Was ich ziemlich schnell erkannt habe: Um andere anleiten zu können, ist es wichtig, sich zunächst selbst kennenzulernen. Die eigenen Stärken, Schwächen und alles, was einem – gerade im Arbeitsumfeld – wichtig ist. Wir gehen davon aus, dass uns unsere eigenen Werte klar sind, aber mir persönlich werden sie deutlich bewusster, wenn ich sie ausformuliere, aufschreibe und mit meinem Selbstbild abgleiche. Ich habe dafür verschiedene Seminare belegt und mit Fachleuten zusammengearbeitet. Besonders das Erstellen eines HDI-Profils (ein Modell zur Denkstil-Analyse) fand ich sehr hilfreich, um mir meine Persönlichkeit – quasi aus wissenschaftlicher Perspektive – vor Augen führen zu lassen. Ich bin zum Beispiel der „gelbe und grüne Typ", das heißt, dass ich sehr empathisch bin und mich gut in meine Mitarbeiter sowie in Situationen einfühlen kann. Das ist einerseits wunderbar, macht es aber in schwierigen Situationen manchmal schwer, hart durchzugreifen wenn nötig. Um meinen Werten trotzdem treu bleiben zu können, habe ich mir einen Betriebsleiter an Bord geholt, der mich unterstützt und ergänzt.

2. Raus aus der Komfortzone

Womit ich gute Erfahrungen gemacht habe: in regelmäßigen Abständen gemeinsam das gewohnte Arbeitsumfeld zu verlassen und mithilfe von externen Tools neue Wege zu gehen. Outdoor-Training umfasst beispielsweise eine ganz andere Art des Lernens als ein Buch oder ein Vortrag. Draußen in der Natur sind Mitarbeit und schnelle Reaktionen gefragt.

Man führt zum Beispiel einen anderen Teilnehmer, dem die Augen verbunden werden, durch den Wald oder klettert mit einer „blinden" Person einen Berg hoch und muss Hand in Hand arbeiten. Es ist spannend zu sehen, wie unterschiedlich Menschen in dergleichen Situation agieren. Ich persönlich leite lieber über Worte anstatt über die Hand – das ist anfangs schwieriger, aber nur so findet der Mitarbeiter seinen eigenen Weg und kann langfristig firmeninterne Werte wie Vertrauen, Teamwork und Wertschätzung aufbauen. Solch ein Training fördert die Selbstständigkeit und die Möglichkeit zur freien Entwicklung. In Sachen Wertefindung kann ich es nur empfehlen.

3. Konkret und sichtbar werden

Werte sind ein Thema, das sich schwer greifen lässt, weil jeder Mensch bestimmte Begrifflichkeiten anders interpretiert und Wertesysteme unterschiedlich auslegt. Um aber wertebasiertes Führen in einem Unternehmen wirklich zu leben, braucht es ein gemeinsames Verständnis von Begrifflichkeiten und Verhaltensweisen, eine Art Kodex. Darum haben mein Team und ich gemeinsam mit meinem Freund und Coach Cay von Furnier in verschiedenen Übungen Worte, die unsere Unternehmenswerte wiedergeben, regelrecht auseinandergenommen und ganz konkret definiert. Damit auch wirklich jedem Einzelnen klar ist, was wir mit den Begriffen meinen und was das für die interne sowie externe Kommunikation bedeutet. Daraus entstanden sind unsere zwölf Leitbegriffe, die wir sichtbar an den Wänden angebracht haben, sowie Karten mit unseren Zielen, die jeder auf dem Schreibtisch stehen hat, um seine tägliche Arbeit damit abzugleichen. Jeden Monat stellen wir einen Begriff in den Fokus, zum Beispiel „Freundlichkeit".

Manche Werte bleiben

Meine Werte treiben mich an und leiten nicht nur meinen Weg als Führungskraft, sondern helfen mir außerdem, im Unternehmenskontext Entscheidungen zu treffen. Eben darum werden sie auch in Zukunft im Fokus stehen und gemeinsam mit dem Team weiterentwickelt. Ein Wert, der für mich als Führungskraft eines Familienunternehmens immer gelten wird, ist der des ehrbaren Kaufmanns.

Impulse kompakt

Vertrauen, Ehrlichkeit und Verbindlichkeit werden
in einer modernen, digitalen Welt – zumindest für mich –
niemals aus der Mode kommen.

#3

Unternehmensphilosophie leben und vorleben

Sieben Sätze, die uns helfen, auf Kurs zu bleiben

Sie ist das erste, was auffällt, wenn man bei uns in der Firma ins Besprechungszimmer kommt: die knallrote Wanddeko mit der weißen Schrift. „Mit unseren Kunden gestalten wir die Zukunft", steht da beispielsweise. Oder: „Flexibilität, Schnelligkeit und Qualität sind unsere Stärken" und „Mit starken Marken und Partnern im Markt".

Die insgesamt sieben Sätze an der Wand bilden unsere Unternehmensphilosophie. Viele Menschen halten Firmenphilosophien für leere Worte, gar für Wichtigtuerei. Und in einem stimme ich den Skeptikern zu: Wenn man seine Werte nur in einem hässlichen Bilderrahmen an die Wand hängt oder in einer Schublade verschwinden lässt, kann man sich die Mühe gleich sparen. Wer will, dass sie gelebt werden, muss etwas dafür tun. So habe ich es geschafft, die Unternehmensphilosophie in meiner Firma zu verankern:

1. Unsere Unternehmensphilosophie ist in Leitsätzen formuliert.

„Vertrauen", „Zuverlässigkeit", „Exzellenz": Darunter stellt sich jeder etwas anderes vor – erst recht, wenn sich die Führungsebene die Werte im stillen Kämmerlein ausdenkt und dem Team dann vorsetzt. Aus diesem Grund sollte eine Unternehmensphilosophie nicht nur aus ein paar abstrakten Begriffen bestehen. Nachdem mein Team und ich in einem Workshop unsere Werte definiert hatten, wurden diese Gedanken zu einprägsamen Sätzen ausformuliert – nämlich genau die, die jetzt im Besprechungszimmer an der Wand stehen. Zu jedem der Leitsätze gibt es auch noch eine kleine Erläuterung. So weiß jeder Mitarbeiter, wohin die Reise gehen soll.

2. Unsere Leitsätze sind für alle sichtbar.

Die Wand im Besprechungsraum habe ich für unsere Leitsätze bewusst gewählt. Kunden, Lieferanten, Mitarbeiter – sie alle sollen regelmäßig daran erinnert werden, wofür wir stehen. In diesem Raum führe ich auch meine Vorstellungsgespräche. Meine Werte habe ich dabei immer als Stärkung im Rücken. Natürlich findet sich die Firmenphilosophie auch auf unserer Website. Und in diesem Jahr habe ich noch eine Neuerung eingeführt: Zielkarten, die jeder Mitarbeiter auf seinen Schreibtisch stellt. Sie listen unsere Werte kompakt auf, damit sie im Arbeitsalltag immer und überall präsent sind.

3. Ich erarbeite mithilfe der Leitsätze konkrete Ziele mit meinen Mitarbeitern.

Auf der Zielkarte ist Platz für Notizen. Unter dem Satz: „Um das Leitbild mit Leben zu füllen, nehme ich mir Folgendes vor". Denn ertragsorientiert zu sein, heißt schließlich für einen Lagerarbeiter etwas anderes als für die Buchhaltung. So müssen die Buchhalter darauf achten, dass Rechnungen pünktlich gezahlt werden. Der Lagerarbeiter hingegen muss dafür sorgen, dass es nicht zu Fehllieferungen kommt und kein Verpackungsmaterial verschwendet wird.

Jeder meiner Mitarbeiter hat eine solche Zielkarte bekommen und ausgefüllt. Ganz von allein ist das natürlich nicht passiert. Nachdem ich die Karten verteilt hatte, blieben sie bei einigen Mitarbeiter lange leer. Denen sagte ich: „Wenn es dir schwer fällt, unser Leitbild auf deine Arbeit zu übertragen, komm zu mir. Dann überlegen wir gemeinsam, was es für dich und deinen Arbeitsalltag konkret bedeutet."

4. Ich nutze die Unternehmensphilosophie als inneren Kompass.

Unsere Leitsätze sind für mich zu einer Art innerem Kompass geworden. Vor größeren Veränderungen frage ich mich: Trägt diese Veränderung dazu bei, dass wir unsere Werte weiterhin oder vielleicht sogar besser leben können?

Auch in ganz alltäglichen Situationen hilft mir unsere Firmenphilosophie weiter. Ich frage beispielsweise in jedem Mitarbeitergespräch: „Welche Fortbildungen möchtest du besuchen?" Schließlich heißt einer unserer Leitsätze: „Mit der höchsten Kundenzufriedenheit, perfektem Service, kompetentem Personal und hochwertigen Markenprodukten werden wir Marktführer." Wenn ich also kompetente Mitarbeiter will, muss ich bereit sein, in Fortbildungen zu investieren.

Die Unternehmenswerte helfen mir auch bei der Personalauswahl. Wenn ein Vertriebsmitarbeiter im Vorstellungsgespräch sagt, er würde Kunden seines jetzigen Arbeitgebers mitbringen, dann weiß ich sofort: Den stelle ich nicht ein, denn sein Verhalten passt nicht zu meinem Wert „Loyalität".

5. Ich verknüpfe die Leitsätze mit Geschichten.

„Mit unseren Kunden gestalten wir die Zukunft." Bei diesem Leitsatz muss ich sofort an einen ehemaligen Kunden denken, den wir 30 Jahre lang begleitet haben. Er hatte als Ein-Mann-Betrieb begonnen und konnte anfangs noch nicht viel zahlen. „Ich brauche eine längere Valuta", sagte er damals zu meinem Vater. Mein Vater willigte ein und das hat sich ausgezahlt. Als er sein Unternehmen schließlich verkaufte, hatte es 800 Mitarbeiter. Und wir haben den kompletten Aufbau begleitet. Geschichten wie diese erzähle ich auch meinen Mitarbeitern. Das hilft uns, ein gemeinsames Verständnis dafür zu entwickeln, was hinter den Leitsätzen steckt.

Impulse kompakt

Gehen Sie mit Mitarbeitern, Dienstleistern, Kollegen oder auch Kunden in den Dialog und bauen Sie täglich anhand neuer Erfahrungen auf allen Seiten die Unternehmenskultur weiter aus.

#4

Die Neidkultur in Deutschland ist unerträglich

Auf Erfolg braucht niemand neidisch zu sein – einfach tun!

Erfolg definiert sich in unserer Gesellschaft noch immer oft durch materielle Dinge oder den eigenen Status: durch das dicke Auto vor der Haustür, den Doktortitel vor dem Namen oder die steile Karriere. Ich selbst sitze seit vielen Jahren im Chefsessel und viele halten mich schon allein deshalb für erfolgreich, weil ich ein Unternehmen leite. Dabei definiert sich Erfolg in meinen Augen nicht durch die Position, die man im Unternehmen besetzt, oder das Auto, das man fährt. Ich selbst habe zum Beispiel gar keins. Viel wichtiger ist mir, dass meine Ideen funktionieren und dass meine Visionen erfolgreich sind.

Sicherlich haben teure Sportwagen, Luxusimmobilien oder Designerklamotten ihren Reiz. Ich gönne sie allen, die sich damit für ihre harte Arbeit über viele Jahre belohnen. Erfolg kommt schließlich nie über Nacht. Leider ragt aber oft nur die Spitze des Eisbergs sichtbar aus dem Wasser, sprich das Auto oder die Uhr. Wie groß der Berg unter Wasser wirklich ist und wie lange es gedauert hat, bis er so groß und mächtig wurde, das sehen die meisten nicht.

Erfolg ist aber zu 95 Prozent harte Arbeit und Entbehrung, auch in meinem Fall. Sicherlich hatte ich es leichter, weil ich die Unternehmensleitung als Nachfolgerin meines Vaters angetreten habe, aber das ganze Geschäft für die Zukunft zu wappnen, es zu digitalisieren und dafür zu sorgen, dass es auch heute, 15 Jahre später, noch erfolgreich ist, das muss man erstmal schaffen. Doch wie alles im Leben hat auch das einen Preis.

Für Erfolg muss man keine Karriereleiter hochklettern

Ich zum Beispiel habe bis heute keine Kinder. Sicherlich wäre es machbar gewesen, schließlich gibt es zahlreiche erfolgreiche Frauen, die beides unter einen Hut bekommen.

Aber „früher" war das nicht so einfach. Ich bin 1998 ins Geschäft eingestiegen, da steckte das Internet noch in den Kinderschuhen und an Homeoffice war gar nicht zu denken. Die folgenden Jahre waren immer gut gefüllt mit Aufträgen und mir war früh klar, dass wir uns als Mittelständler selbst kannibalisieren müssen, um auch künftig noch zu existieren. Es gab also immer viel zu tun, da blieb einfach keine Zeit für Familie.

Trotzdem habe ich sie, die sogenannten Kairos-Momente: wirklich wertvolle Erlebnisse, die viele wahrscheinlich unter dem Begriff „Quality Time" kennen, weil sie einem so viel mehr geben als der reine Alltag. Danach strebe ich im Leben wie auch im Beruf. Weil ich fest daran glaube, dass sich beruflicher Erfolg fast automatisch einstellt, sofern man mit sich und seiner Lebensweise im Reinen ist. Wer mit Spaß bei der Sache ist, ist letzten Endes auch mit dem Herzen dabei.

Genau deshalb ist Erfolg am Ende nicht nur den Privilegierten vorbehalten – also jenen, die in eine Unternehmerfamilie geboren wurden oder an einer Eliteuni studiert haben. Er ist fast ausschließlich ein Produkt der eigenen Initiative. Ein Unternehmersohn, der lieber jeden Tag auf dem Golfplatz steht anstatt zu arbeiten, wird nie erfolgreich an der Spitze einer Firma stehen.

Erfolg heißt dabei nicht unbedingt, es auf der Karriereleiter bis nach ganz oben geschafft zu haben. Erfolgreich ist auch der, der vielleicht „nur" im Büro arbeitet, aber in seinem Job voll und ganz aufgeht, weil er sein Team liebt, seine Arbeit, und allein dadurch schon viel bessere Ergebnisse erzielt als sein unmotivierter Kollege, der keine Lust auf seinen Job hat.

Erfolg allein macht nie glücklich – aber wer glücklich ist, hat oft Erfolg

Es ist kein Zufall, dass einige Menschen immer zur richtigen Zeit am richtigen Ort zu sein scheinen, ihnen die Jobs und die tollen Aufträge nur so zufliegen, während andere absolut kein Glück zu haben scheinen. Mit Glück allein hat das nur wenig zu tun, sondern vielmehr mit der Tatsache, dass erfolgreiche Menschen sich diese Erfolge erarbeiten, sich Gelegenheiten schaffen, indem sie beispielsweise oft an Netzwerkveranstaltungen teilnehmen. Wenn sie dann auf einen neuen, zahlungskräftigen Kunden treffen, waren sie natürlich zur richtigen Zeit am richtigen Ort. Aber eben nicht aus purem Zufall, sondern durch eigenes Kalkül.

Wer also den nächsten Karrieresprung plant, mehr Kunden an Land ziehen möchte oder einen vermeintlich kleinen Auftrag in einen Millionendeal verwandeln will, der hat es letztlich selbst in der Hand. Vernetzt euch, bringt euch ins Gespräch und seht in jeder Gelegenheit Potenzial für etwas ganz Großes. Ob es dann wirklich so kommt, bleibt abzuwarten, aber auch die kleinen Aufträge und Aufgaben können glücklich machen – Erfolg allein jedoch nie.

Impulse kompakt

Wir sollten alle danach streben, glücklich zu sein.
Der Erfolg kommt dann von ganz allein.

Klimastreik ja, Unvernunft nein

Mit einem Mehr an Verantwortung die Zukunft gestalten

Ja, Panik ist angebracht! Wenn wir die Lebensgrundlagen für uns und unseren Planeten erhalten wollen, ist es höchste Eisenbahn. Wir müssen handeln, und zwar sofort. Das macht uns nicht nur die „Fridays for Future"-Bewegung deutlich, die zunehmend auch Unternehmer begeistert. Andererseits dürfen wir jetzt nicht in blinden Aktionismus verfallen. Deutschland wird das Klima nicht allein retten können. Es ist eine globale Aufgabe.

Weltweit sind 1.400 neue Kohlekraftwerke in Planung oder bereits im Bau – viele davon in China. Der Wachstumshunger dort ist enorm, wie in vielen anderen Schwellenländern auch. In den USA werden die industriellen Produktionskapazitäten massiv ausgebaut. Und in den Entwicklungsländern ist der Wunsch nach Wohlstand, der immer auch mit dem Verbrauch von Ressourcen einhergeht, enorm. Wir müssen die Realitäten sehen und aufpassen, dass wir am Ende zwar ein gutes Gewissen, aber auch noch eine funktionierende Wirtschaft haben.

Ohnehin regulieren wir uns hier in Deutschland und in Europa fast zu Tode – von der Datenschutz-Grundverordnung bis zur Arbeitszeiterfassung. Das Klima ist wichtig. Das Thema muss Priorität auf der politischen und betrieblichen Agenda haben. Aber wir müssen bei allem Engagement Ökonomie und Ökologie verbinden. Ich streike mit für das Klima, unterstütze die jungen Leute gern und mit persönlichem Einsatz. Ich engagiere mich als Unternehmerin für mehr Wachstum und neue Märkte. Beides ist möglich, kein Widerspruch, eher zwei Seiten derselben Medaille.

Unternehmer tragen Verantwortung und leben Werte – auch beim Klima

Ich bin es leid, dass wir Unternehmer in diesem Zusammenhang immer der Buhmann sind. Das Image des Ferrari fahrenden, verantwortungslosen Kapitalisten, der mehr oder weniger leistungslos mit Millionen überhäuft wird und andere ausbeutet, ist falsch und ärgerlich. So sieht die Realität einfach in der Mehrheit der Fälle nicht aus. Gerade Inhaber kleiner und mittlerer Unternehmen arbeiten sehr hart an ihrem Erfolg und nehmen sowohl ihre Belegschaft als auch die ganze Gesellschaft mit. Sie tragen Verantwortung und leben Werte – auch beim Klima. Wir müssen im Kleinen anfangen. Jeder kann etwas tun. Hier bin ich gern Vorbild.

Seit mehr als zehn Jahren haben wir in meinem Unternehmen eine digitale Ablage und so den Papierverbrauch extrem reduziert. Wir haben in unserem Betrieb komplett auf LED-Licht umgestellt. Den Dienstwagen habe ich abgeschafft, stattdessen nutze ich ein E-Bike oder fahre mit der Bahn. Wenn ich ausnahmsweise fliegen muss, kompensiere ich das mit einer CO_2-Abgabe. Plastikgeschirr haben wir vollständig abgeschafft und durch Porzellan oder Mehrwegbehälter ersetzt. Wir nutzen Ökostrom und legen Wert auf nachhaltige Lieferketten, wo immer das möglich und nachvollziehbar ist.

Ich habe auch die Stellungnahme der Vereinigung Entrepreneurs for Future unterzeichnet – so wie aktuell 2823 andere Unternehmen. Wir sind viele, und wir stehen dafür ein, dass die Ziele des Pariser Klimaschutzabkommens erreicht werden.

Ich pflanze Bäume für ein besseres Klima

Ich engagiere mich seit 2012 aktiv für den Klimaschutz. Bei den Wirtschaftsjunioren Aschaffenburg habe ich damals einen Arbeitskreis ins Leben gerufen und einen „Plant-for-the-Planet"-Ableger geschaffen. Unser Verein hat über die Jahre eine tolle Dynamik aufgenommen, wir haben schon sehr viele Bäume gepflanzt, unter anderem in der Türkei.

In einem Waldstück in Aschaffenburg haben wir 12.500 neue Bäume gepflanzt. Das Geld dafür haben wir gemeinsam mit einer Bank über eine große Crowdfunding-Aktion gesammelt. Wir konnten über Social Media viel Aufmerksamkeit erzeugen. Unter dem Hashtag #GibmirFünf haben wir Menschen nominiert und dazu aufgerufen, für die Baumpflanzaktion zu spenden. Die Rückmeldung war enorm. Ich freue mich sehr, dass wir diese Bäume pflanzen und einen Beitrag für eine bessere Zukunft leisten konnten – und so ein Zeichen gesetzt haben, wie wir als Unternehmer Verantwortung übernehmen.

Für „Plant-for-the-Planet" habe ich in Aschaffenburg eine eigene Gruppe ins Leben gerufen. Wir haben schon Tausende Bäume gepflanzt. Das ist gelebter Klimaschutz und hilft, den CO_2-Ausstoß zu minimieren. Das tue ich aus freien Stücken und ohne staatlichen Zwang. Ich tue es aus eigener Verantwortung, nicht weil es mir verordnet wird. Ich möchte zeigen, dass Unternehmer mit ihrem Namen und ganz persönlich für eine gute Sache einstehen. Auch, weil ich in der Gesellschaft wahrnehme, dass Unternehmer oft nur als Kapitalisten angesehen werden. Viele Menschen haben ein Bild im Kopf vom Zigarre rauchenden, dicken Mann im Nadelstreifenanzug, dem das Geld vom Fließband in die Tasche fällt, der einen Ferrari fährt und der sich um nichts außer seinen Profit Gedanken macht.

Deshalb müssen wir zeigen: Wir Unternehmer haben sehr wohl ein Gewissen. Wir Unternehmer, gerade im Mittelstand, handeln nachhaltig und folgen Werten.

Wir dürfen uns nicht überregulieren

Das nämlich ist das Problem in der Debatte. Wir müssen aufpassen, dass wir nicht noch weiter überregulieren, um sicherzustellen, dass wir die Menschen auch mitnehmen. Verantwortung hat viele Facetten – eben auch eine ökonomische. Ich erlebe die Friday-Demonstranten als sehr differenziert, aber viele machen sich leider auch zu wenig Gedanken. Jedes Verbot hat Folgen, kann Arbeitsplätze kosten, Technologien vernichten, bevor sie entstehen und sich beweisen können, oder Menschen Zukunftschancen nehmen. Ein moderner Diesel ist immer noch besser als ein alter Benziner oder ein E-Auto, das mit Kohlestrom betrieben wird. Innovation sollte auf allen Ebenen möglich sein.

Und hier kommt das nächste Problem: Als kleines Unternehmen, das schon länger auf dem Markt ist, sind wir in einer schwierigen Situation. Wir können nicht wie ein hippes Start-up auf der grünen Technikwiese anfangen und alles gleich optimal aufbauen. Wir müssen die Dinge am offenen Herzen entwickeln. Wir haben auch nicht die finanziellen Mittel wie ein Großkonzern, der per Order neue Regeln einfach umsetzen kann – koste es, was es wolle.

Gleichzeitig sind wir die, die ihren Mitarbeiten gegenüber in höchstem Maße loyal sind.

Das zumindest nehme ich für mich in Anspruch. Und so tue ich mein Bestes, um allen gerecht zu werden. Klimastreik und Klimaengagement, ja – aber auch unternehmerische Vernunft und Weitsicht.

Ich stelle es meinen Mitarbeitern übrigens frei, ob sie freitags streiken. Ich freue mich, wenn sie es tun und lade sie dazu ein. Aber ich möchte auch niemanden bevormunden – nicht die Mitarbeiter und nicht die Kunden, die am Freitag trotz Streiks zu uns kommen. Meinungsvielfalt ist ein hohes Gut. Jeder darf denken, wie er möchte. Deswegen werden wir unser Geschäft nicht schließen, sondern weiter den gewohnten Kundenservice bieten, aber eben mit Einschränkungen, denn bei mir darf gestreikt werden.

Impulse kompakt

Klimaschutz ist für die Menschen. Wenn wir uns daran orientieren und uns im Kleinen, jeder für sich, mit einem Beitrag engagieren, können wir vieles verändern. Das ist mein Ansatz, der ganz frei von Denkverboten ist. Ich vertraue der Technologie, die Lösungen hervorbringen wird, die wir heute nicht mal erahnen.

Auch hier bin ich gern Vorbild, denn ich investiere viel in neue Technologien und in die Zukunft. Indem ich Wirtschaft und Umwelt verknüpfe, sorge ich für Klimaschutz und Wachstum gleichermaßen.

Wir pflanzen Bäume gegen den Fachkräftemangel

Ein starker Nachwuchs für eine erfolgreiche Zukunft

Zunächst ein Bekenntnis: Unser Unternehmen ist weder besonders groß (24 Mitarbeiter), noch ist meine Branche (Werkzeughandel) besonders sexy. Und mit unserem Standort in der Nähe von Aschaffenburg liegt Werkzeug Weber auch nicht direkt am Nabel der Welt. Trotzdem ist der Fachkräftemangel für uns kein Thema. Auf offene Stellen erhalten wir immer noch 50 bis 100 Bewerbungen. Nicht nur das, ich würde sogar behaupten: Kleine Unternehmen wie wir haben beim Kampf um die besten Köpfe richtig gute Karten.

Ich weiß, dass viele Unternehmen echte Schwierigkeiten haben, auf dem Arbeitsmarkt gute neue Mitarbeiterinnen und Mitarbeiter zu finden. Die Klage, dass der Arbeitsmarkt leergefegt sei, ist inzwischen schon zu einem echten Smalltalk-Klassiker avanciert. Trotzdem sollten sich Unternehmer nicht entmutigen lassen, sondern sich an einige simple Regeln halten.

1. Ich tue Gutes und rede darüber

In Bewerbungen und Gesprächen mit Bewerberinnen und Bewerbern höre ich des Öfteren, dass sie uns aus den Medien kennen. Diese Menschen haben von Werkzeug Weber und auch von mir gehört, weil wir uns gesellschaftlich und sozial in der Region stark engagieren. Ich bin ehrenamtlich sehr aktiv, engagiere mich für den Umweltschutz und setze gemeinsam mit meinen Mitarbeitern soziale Projekte in der Region um. Außerdem engagiere ich mich bei den Wirtschaftsjunioren und coache Start-ups als Mentorin.

Andere Unternehmen tun ebenfalls viel Gutes, das weiß ich. Sie begehen allerdings aus meiner Sicht den Fehler, nicht über dieses Engagement zu reden. Stattdessen schieben sie ihre

Firma nach vorn und sagen „wir" statt „ich", obwohl es diese Personifizierung braucht, um im Gedächtnis der Menschen zu bleiben.

Mit dieser Bescheidenheit überlassen sie anderen die Bühne.

Ich finde das schade, denn auch wenn wir Inhaber kleiner Unternehmen nicht so hohe Gehälter zahlen können wie große Konzerne, haben wir doch den Vorteil gegenüber den Großen, dass wir menschlich nahbar und glaubwürdig sind. Wir sind begeistert von unseren Unternehmen – diese Begeisterung spürt man, Menschen lassen sich davon anstecken. Eine solche Chance sollte jede Unternehmerin und jeder Unternehmer unbedingt nutzen.

2. Ich nehme mir Zeit

Niemand behauptet, dass sich dieses ehrenamtliche Engagement zwischen Feierabend und Abendbrot organisieren ließe. Ich selbst investiere sicher einen bis zwei Arbeitstage im Monat. Dazu verbringe ich manche Abende und Wochenenden mit ehrenamtlichen Projekten. Und ich spende Geld. Das zusammengenommen kann einen schon zeitlich beanspruchen. Aber ich habe meine Firma so aufgestellt, dass ich mir diese Zeit nehmen kann. Meine Mitarbeiter halten mir den Rücken dafür frei.

Mal davon abgesehen, dass ich der Gesellschaft etwas zurückgeben will: Meine Strategie lohnt sich auch unternehmerisch. Ich habe seit Langem keine bezahlte Stellenanzeige mehr geschaltet – weder in Printmedien noch digital. Ich informiere das Arbeitsamt sowie die IHK und setze eine Ausschreibung auf unsere Homepage, das ist alles.

3. Ich denke PR langfristig und habe Geduld

Mir ist klar, dass eine einzelne Berichterstattung in einem Medium noch nicht zu einem Bewerberansturm führt. Daher arbeite ich kontinuierlich daran, eine Arbeitgebermarke zu werden beziehungsweise zu bleiben: Je öfter beispielsweise der Name der Firma oder mein eigener auftauchen, desto eher bleibt er bei potenziellen Bewerbern im Gedächtnis haften. Ich werde unterstützt von einem PR-Agenten, außerdem pflege ich meine Kontakte zu den Medien. Mit der Zeit versteht man auch deren Bedürfnisse und kann besser einschätzen, welche Information das Zeug zu einer Story haben könnte.

Ich denke mir dabei immer: Wenn ich nicht trommele für das, was mir wichtig ist, kann ich nicht erwarten, dass jemand auf mich aufmerksam wird. Das wäre so, als würde ich darauf hoffen, im Lotto zu gewinnen, obwohl ich gar nicht getippt habe.

4. Die Mitarbeiter sind die besten Recruiter

Oft reden Unternehmen mit ihren eigenen Mitarbeitern nicht darüber, dass sie Leute suchen. Das halte ich für einen Fehler, denn die eigenen Mitarbeiter sind häufig die besten Recruiter. Vor jeder Neubesetzung zapfe ich zuerst unser Mitarbeiternetzwerk an. Das hat sich schon oft bewährt. Unser Vertriebsleiter hat sich beispielsweise ein sensationelles Netzwerk in der Branche aufgebaut. Aber auch meine anderen Mitarbeiter kennen häufig jemanden, der gut zu uns passt – sei es ein Nachbar, eine Freundin oder ein früherer Kollege.

Mir ist es wichtig, dass meine Mitarbeiter meine Werte teilen. Bewirbt sich jemand, weil mein soziales Engagement ihn beeindruckt hat, dann passt diese Person sehr wahrscheinlich gut in unser Team. Und wenn dieser Mensch von Mitarbeitern empfohlen wurde, ist die Chance noch höher, dass er oder sie unsere Firma bereichern wird.
Natürlich sagt es auch etwas aus, wenn Mitarbeiter Bekannte oder Freunde ins Unternehmen holen. Eine persönliche Empfehlung ist immer das Beste, was einem passieren kann. Gleiches gilt schließlich auch im Kundenmarketing. Warum also nicht im Recruiting?

Impulse kompakt

Ich bin überzeugt: Wer als Unternehmer diese Maßnahmen beherzigt, der hat mehr als gute Chancen, die besten Leute für die eigene Firma zu bekommen. Fachkräftemangel ist kein Schicksal, es ist einem Sprichwort zufolge nichts anderes als eine dornige Chance. Gerade inhabergeführte, kleine Unternehmen sind schnell und flexibel genug, um diese Chance wahrzunehmen.

#7

Wenn gute Taten für gute PR sorgen

Aus Überzeugung Gutes tun bringt Gutes mit sich!

Anderen zu helfen kann sich auch fürs Unternehmen lohnen: Ich engagiere mich aus Überzeugung ehrenamtlich – und habe dadurch schon die eine oder andere schöne Überraschung erlebt. Soziales Engagement ist mir wichtig. Das klingt erstmal wie eine Floskel, aber es ist ein wichtiger Wert für meine Firma und für mich persönlich. Vor drei Jahren habe ich den „Werkzeug Weber hilft"-Tag eingeführt, um in der Region etwas Gutes zu tun und meinen Mitarbeitern ehrenamtliches Engagement und den Einsatz für andere näher zu bringen. Mitarbeiter, die mitmachen – natürlich freiwillig – bekommen einen zusätzlichen Urlaubstag geschenkt. Von den derzeit 24 Angestellten machen meist fünf oder sechs mit.

Unter anderem haben wir für den Kinderschutzbund Aschaffenburg e.V. die Räume gestrichen, in sonnengelb. Investiert haben wir Farbe, Pinsel und einen Tag Arbeitszeit am Wochenende. Dabei haben wir nicht nur einiges über die Projekte des Kinderschutzbundes erfahren, sondern hatten auch viel Spaß. Man könnte die Aktion auch als Teambuilding-Maßnahme für die Firma sehen: Zusammen haben wir in kurzer Zeit etwas Schönes geschaffen. Aber auch langfristig hatte das Streichen beim Kinderschutzbund einen ziemlich überraschenden Effekt.

Plötzlich „Händler mit Herz"

Einige Zeit später erhielten wir einen Anruf der Firma Bosch Power Tools. Sie wollten uns gratulieren, denn sie hatten uns gerade zum „Händler mit Herz" für den Monat April gewählt.

Das Team vom Kinderschutzbund hatte die Ausschreibung von Bosch in den sozialen Netzwerken entdeckt und uns nach der Renovierung dafür vorgeschlagen. Das war eine wundervolle Überraschung. Bosch veröffentlichte sogar ein Foto von uns mit der

Auszeichnung auf Facebook. Die Seite hat mehr als 62600 Fans – eine enorme Reichweite und somit gute Werbung für uns. Unzählige Nutzer gratulierten uns oder teilten den Beitrag. Dieses Beispiel zeigt: Man kann auch ohne Ware gute Werbung machen. Dabei war der Grund für unser soziales Engagement keineswegs eine Imagekampagne, sondern meine persönliche Überzeugung. Das Marketing war aber natürlich ein schöner und willkommener Nebeneffekt.

Viele Mittelständler tun Gutes, reden aber nicht darüber. Ich kann alle Unternehmer nur ermutigen, den Medien von solchen Aktionen zu berichten. Jedes kleine oder mittlere Unternehmen engagiert sich in der Region, nur nehmen wir es oft nicht wahr oder verbuchen es als Selbstverständlichkeit. Die Großkonzerne hingegen wissen auf dieser Klaviatur zu spielen. Allerdings tun sie es häufig nur, weil es „en vogue" ist.

Tausche Bohrer gegen Sketch

Unsere Hilfsprojekte haben wir über die Initiative „Gute Geschäfte" gefunden. Sie bringt alle zwei Jahre Unternehmen und gemeinnützige Organisationen aus einer Stadt zusammen. Bei dem zweistündigen Treffen können sich die Vereine vorstellen, den Unternehmen erklären, wo sie Hilfe benötigen, und Angebote machen. Denn es gilt die Grundregel, dass es für die Hilfe eine Gegenleistung geben muss. Das kann ein selbst gebackener Kuchen sein oder eine Theateraufführung im Kindergarten.

Der Zirkus Blamage etwa bringt Kinder mit und ohne Behinderung in den Ferien zusammen, probt mit ihnen Zirkusstücke und führt diese auf. Wir haben dem Zirkus einen Bohrer geschenkt, um den Zeltaufbau zu erleichtern. Als Dank wurde in einen Sketch ein Plakat von Werkzeug Weber eingebaut.

Ich persönlich spende nicht gerne Geld. Man kann nie mit Sicherheit sagen, wofür es am Ende verwendet wird. Lieber helfe ich mit konkreten Sachspenden oder Know-how. So haben wir etwa beim Umbau unserer Büros im Betrieb die alten Schreibtische der altrussischen Gemeinde gespendet und die Bergwacht Hösbach mit neuen Taschenlampen ausgestattet.

Eine kleine Wasserwaage für junge Väter

Besonders in Erinnerung geblieben ist mir auch eine Kooperation mit dem Sozialdienst Katholischer Frauen e.V. bei dem Projekt „Hello Baby", einem Beratungsdienst für Schwangere. Allen frischgebackenen Müttern wird von diesem Verein ein Geschenkpaket überreicht, mit Schnullern, Spielzeug und Informationsbroschüren. Für die Väter war jedoch nichts dabei. Deswegen haben wir für die Papas jeweils eine kleine Überraschung hinzugefügt: zum Beispiel eine kleine Wasserwaage.

Familienväter sind eigentlich gar nicht die Hauptzielgruppe unseres Unternehmens, sondern vielmehr das produzierende Gewerbe, das Handwerk und die Großindustrie. Aber es ist eine potenzielle Win-Win-Win-Situation für alle Beteiligten: den Vater, den Verein und meine Firma. Denn vielleicht wird der Vater ja zum Hausbauer oder ist Einkäufer bei einer großen Firma – wer weiß. Auf jeden Fall ist die Marke Werkzeug Weber langfristig mit dem schönen Erlebnis der Geburt des Kindes verknüpft. Auf diese Weise verbinden wir Neukundengewinnung und Imagepflege in der Region.

Fakt ist, das soziale Engagement unserer Firma spricht sich herum. Irgendwann kam unser Azubi Nik auf mich zu. Seine Schwester arbeitete in einem Kindergarten und es wurden Tombola-Preise gesucht. Wir stifteten einen Grill und eine Kaffeemaschine. Als kleines Dankeschön erklärten einige Kinder in sogenannten „Dingsda-Videos" in ihren eigenen Worten, was zum Beispiel eine Wasserwaage ist.

Drei Tipps für ehrenamtliches Engagement – Gute Projekte finden

Soziales Engagement begeistert die Kunden – aber es muss ehrlich sein. Wer nur Gutes tut, damit die Presse über ihn spricht, wird schnell durchschaut. Auf der Suche nach Partnern und Projekten, bei denen man sich engagieren kann, muss man sich nur in der Region umschauen. Ich bin zum Beispiel bei „Gute Geschäfte" fündig geworden. Der Verein ist in vielen deutschen Städten aktiv. Bei der Auswahl frage ich mich immer: Was passt zu uns? Was ist uns als Wert wichtig? Grundsätzlich mache ich alles gerne, was Menschen fördert – von der Ausstattung eines Naturerlebnislabors für Schüler in einem Bauwagen bis zur Kooperation mit dem Café Arbeit in Alzenau.

Werben ohne Ware

Ehrenamtlich engagieren sollte man sich aus Überzeugung. Aber es lohnt sich auch fürs Marketing und die Imagepflege des Unternehmens. Der Ruf eines Betriebs eilt ihm voraus. Das macht sich bemerkbar: bei der Suche nach neuen Mitarbeitern ebenso wie bei der Kundenakquise. So kann man als Unternehmer Mitarbeiter und Kunden begeistern, ohne die eigene Ware direkt zu bewerben. Ich werde immer wieder sehr positiv von Bewerbern und Kunden auf unser soziales Engagement angesprochen.

Geteilte Freude ist doppelte Freude

Wenn man mit Kollegen mehrere Zimmer in sonnengelber Farbe streicht, wird bestimmt ein lustiges Foto gemacht, bei dem alle mit Farbe bespritzt mit Pinseln hantieren. Warum dann nicht dieses Foto auf der Website, dem Blog oder in den sozialen Netzwerken posten? Wir beziehen auch immer die Organisationen mit ein. Diese teilen die Bilder oder einen kurzen Bericht in der Regel gerne. Nicht selten sind die Partner oder gemeinnützigen Organisationen gut vernetzt und auch die lokale Presse berichtet über die Aktionen. Das sollte man nutzen, anstatt sich in falscher Bescheidenheit im Hintergrund zu verstecken. Es wäre doch schön, wenn sich auch andere inspirieren lassen, sich zukünftig ehrenamtlich zu engagieren.

Impulse kompakt

Haben Sie heute schon etwas Gutes für sich selbst und andere getan?

#8

Wer Gutes sät, der darf auch ernten!

Bescheidenheit ist längst überholt:
Zeigt eure guten Absichten und werdet Vorbilder!

Viele Firmen engagieren sich in sozialen Projekten. Nicht immer ist klar, ob sie es ernst meinen oder bloß ihr Image aufbessern wollen. Aber ist das nicht vollkommen egal? Warum ich mich als Unternehmerin ehrenamtlich engagiere und wieso eigennützige Hintergedanken überhaupt nicht verwerflich sind.

Wenn Firmen Bäume pflanzen, um der Umwelt etwas zurückzugeben, oder kranken Kindern helfen, um sie aufzumuntern, dauert es oft nicht lange, bis ihnen die übliche Kritik entgegenschlägt: Die wohltätigen Aktionen seien bloß Schönfärberei im Eigeninteresse der Firma, heißt es dann oft. Weniger ernst gemeinte Hilfe als vielmehr eigennütziges Marketing.

Sicherlich gibt es Unternehmen, die sich nicht aus Überzeugung engagieren, sondern mit dem Ziel, ihr Image aufzupolieren. Aber um ehrlich zu sein, finde ich diesen angeprangerten Egoismus gar nicht so verwerflich, wie er auf den ersten Blick klingen mag. Natürlich ist es schade, wenn die Wahrhaftigkeit hinter dem Eigennutz zurückbleibt, aber ist es nicht viel wichtiger, dass Unternehmer, Firmen oder Gründer überhaupt anpacken und helfen, egal mit welcher Intention? Nicht umsonst heißt es doch: „Tue Gutes UND rede darüber". Und mal ehrlich – die wenigsten Menschen handeln wirklich altruistisch.

Nicht umsonst hat sich dieser Spruch in den vergangenen Jahren zu einem meiner unternehmerischen Leitsätze entwickelt. Unternehmerin zu sein heißt für mich, nicht nur die Zahlen im Griff zu haben und meine Mitarbeiter zu führen, sondern auch, etwas zurückzugeben. Wenn als Nebenprodukt zusätzlich Werbung für mich und mein Unternehmen herausspringt, umso besser.

Als Unternehmer einen Vorteil aus seinem Engagement zu ziehen, finde ich keineswegs verwerflich.

Unternehmerisches Ehrenamt hat zu Unrecht einen schlechten Ruf

Warum ich da so liberal bin? Weil ich die ehrenamtliche Hilfe anderer selbst schon erfahren durfte und weiß, welches Gut einem dabei geschenkt wird. Als mich mein Vater als junge Erwachsene bat, seine Firma zu übernehmen, war ich mehr als dankbar für die Hilfe all derer, die sich ehrenamtlich bei den Wirtschaftsjunioren, einem Verband junger Führungskräfte, organisierten und mir mit allen erdenklichen Ratschlägen zum Unternehmertum zur Seite standen. Ohne sie wäre ich wohl weitaus weniger selbstbewusst an die Sache herangegangen und heute nicht da, wo ich bin. Da ist es nur fair und meine Pflicht als Unternehmerin, dass ich anderen, die in einer ähnlichen Lage stecken wie ich damals, heute mit meinem Wissen helfe. Seither engagiere ich mich bei den Wirtschaftsjunioren, im Lions Club, sitze in der Jury von Gründerwettbewerben der örtlichen Fachhochschule, rede vor Schulklassen und fördere ausgewählte Start-ups.

Ein Projekt, auf das ich besonders stolz bin, ist der sogenannte Treecounter der Junior Chamber International, ein Projekt, das ich vor sechs Jahren angestoßen habe. Für die bayerische Landeskonferenz der Wirtschaftsjunioren Aschaffenburg habe ich damals einen passenden Keynote-Speaker gesucht und bin bei meiner Recherche auf ein Video eines kleinen Jungen gestoßen, der mit seinen Freunden eine Rede vor der UN gehalten hat. In einem flammenden Appell erklärte er den Mächtigen, wie Klimapolitik zu laufen habe, und dass er ein Mitspracherecht in Sachen Umwelt wolle. Die politischen Debatten von heute, so argumentierte er, bestimmten schließlich die Welt von morgen, in der er leben werde.

Felix Finkbeiner, der kleine Junge von damals, ist inzwischen 20 Jahre alt und Gründer der Initiative „Plant-for-the-Planet". Für sein Engagement wurde ihm von Bundespräsident Frank-Walter Steinmeier sogar die Verdienstmedaille der Bundesrepublik (Bundesverdienstkreuz) verliehen. Inspiriert von der kenianischen Friedensnobelpreisträgerin Wangari Maathai, die Hunderte Baumschulen gegründet und Millionen von Bäumen gepflanzt hat, ist es auch sein Ziel, überall auf der Welt kleine Setzlinge zu pflanzen und damit die Klimakrise abzuschwächen. Seine Vision: Wenn jeder Mensch 150 Bäume pflanzt, kann die Summe von tausend Milliarden erreicht werden.

Ehrenamt macht Spaß – und schafft gleichzeitig Aufmerksamkeit

Ich fand seine Idee so großartig, ihn selbst so inspirierend und motivierend, dass ich seinen Plan auch bei den Wirtschaftsjunioren verbreiten wollte. Allein in Aschaffenburg haben wir inzwischen mehr als 2.300 Bäume gepflanzt, konnten selbst Staaten wie die Türkei und Monaco überzeugen, eigene Setzlinge zu finanzieren. Mittlerweile haben wir über das Netzwerk schon mehr als 100.000 Bäume gepflanzt, die mit unserem Treecounter auf einer eigens erstellten Website gezählt werden.

Um die Resonanz und die Verbreitung dieses Projekts zu fördern, berichten wir natürlich regelmäßig darüber. Im Rahmen schulischer Akademien zeigen wir Kindern zwischen neun und zwölf Jahren inzwischen sogar selbst, wie sie Botschafter für Klimagerechtigkeit werden, wie sie Reden halten, eigene Projekte starten und die Mission von einer gesunden Umwelt in die Welt tragen.

Auch die lokale Presse weiß inzwischen von unseren sozialen Projekten, und da geht es bei Weitem nicht mehr bloß um das Pflanzen von Bäumen. Ehrenamtliches Engagement findet schließlich auf so vielen Ebenen statt, dass jedes einzelne Projekt eine Stimme verdient. Umso schöner, wenn dann nicht nur die Initiative an sich viel Aufmerksamkeit bekommt, sondern auch wir als Unternehmen.

Sozial engagierte Menschen sind die perfekten Mitarbeiter

Ein netter Nebeneffekt: Wenn ich Bewerber frage, wie sie auf unseren Betrieb aufmerksam geworden sind, höre ich inzwischen oft, dass sie über ein gemeinnütziges Projekt von uns erfahren haben. Das finde ich großartig! Menschen, die sich selbst für Umweltschutz interessieren, für Förderung, Weiterbildung und Gründung, die sich selbst in der Verantwortung sehen, die Welt von morgen zu gestalten, das sind genau diejenigen, die ich als Mitarbeiter einstellen möchte. Menschen mit einem Bewusstsein für das, was richtig ist, für Nachhaltigkeit und Mut zum Verändern.

Warum also soll es verwerflich sein, wenn ich über meine guten Taten berichte? Mein Privileg als Geschäftsführerin ermöglicht es mir, wunderbare Leuchtturmprojekte zu initiieren, die es verdient haben, nach außen getragen zu werden. Wenn ich dadurch ein inspirierendes Vorbild für andere sein kann, nehme ich gern hin und wieder die Kritik in Kauf, dass ich mich mit sozialen Projekten nur schmücken wolle.

Impulse kompakt

Ich bleibe dabei: Tue Gutes UND rede darüber
– egal, was andere sagen!

Marketing & Vertrieb

> **„Marketing und Vertrieb werden immer auch als wesentlicher Teil die analoge Welt repräsentieren und damit Werte, die sich seit Jahrzehnten manifestiert haben."**

Wir müssen uns an Zweiflern, Unangepassten und Mutigen orientieren, damit es weitergeht. Marketing und Vertrieb sind die Underdogs des Unternehmertums, wenn es um die ersten Schritte zur Sichtbarkeit geht, und nicht selten im Gegenteil die total aufgeblasenen Keulen, die geschwungen werden. Was ist der Mittelweg? Fest steht, dass Unternehmen keine andere Möglichkeit bleibt, als sich auch mit gelungenem Marketing und Vertrieb zu beschäftigen, wenn sie langfristig und nachhaltig eine Etablierung wünschen. Wir sollten Marketing als ein Zusammenrücken verstehen – nicht aber als lästige Pflicht.

Sicherlich fangen wir erst jetzt an Netzwerke zu verstehen und sehen, dass Potenzial und Chance gleichwertig verankert sind, um gemeinsam mit Kunden und dem Netzwerk an der Zukunft zu arbeiten. Von kommunaler Kommunikation bis zum internationalen Auftritt umfasst mein Marketing alles. Zielgruppengerechte Sprache, statt Grenzen zu sprengen, sind die Herausforderungen, die zu Neuem führen. Vertrieb ist heute längst nicht mehr eindimensional. Nicht immer müssen wir, kitschig gesagt, geliebt werden, aber gekauft! Mischform und Spagat: Zentral ist es, sich umzusehen und selbst den klaren Kopf zu bewahren, denn man macht nicht nur eigenes Marketing, sondern ist ebenso den Botschaften sowie Angeboten breitgefächerter Märkte „ausgeliefert". Es ist lehrreich und ein Balanceakt, dem Marketing anderer gegenüberzustehen – der Startschuss in die eigene Welt der persönlichen Markenbotschaft.

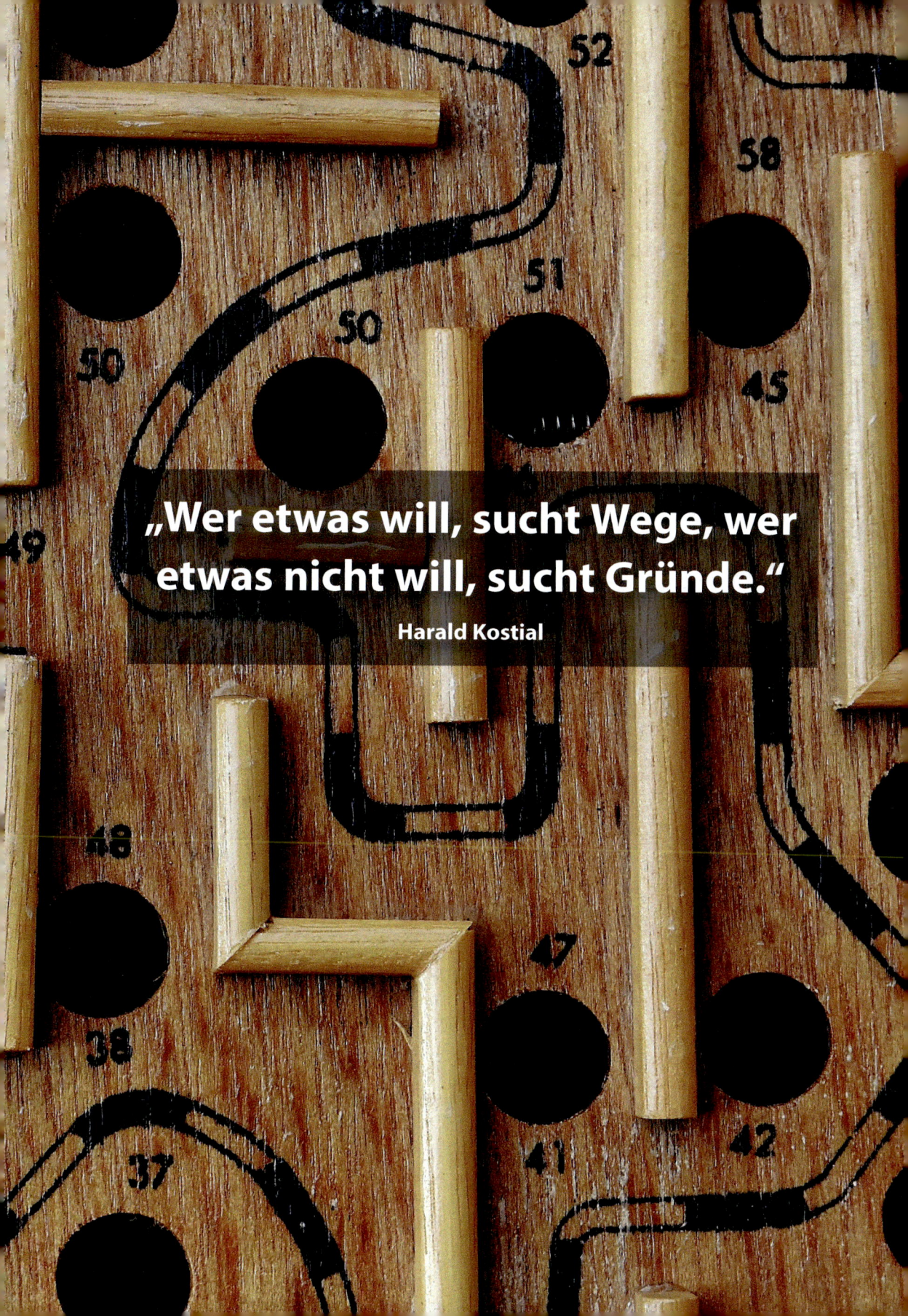

„Wer etwas will, sucht Wege, wer etwas nicht will, sucht Gründe."

Harald Kostial

#9

So knüpfen Sie Kontakte, die Sie weiterbringen

Netzwerk als wirksames Tool der Weiterentwicklung

Gute Beziehungen schaden nur dem, der keine hat. Als Unternehmerin pflege ich meine Verbindungen und habe alleine bei Facebook 5.000 Kontakte – ein kluges Netzwerk ist mein A und O. Wer sich immer noch gegen Networking wehrt, wird schon heute erhebliche Nachteile zu spüren bekommen. Nichts geht ohne Kontakte und die Bereitschaft, auch sein eigenes Netzwerk mit anderen zu teilen – so geht Wachstum heute.

1. Bauen Sie Ihr Netzwerk auf, bevor Sie es brauchen

Als ich zum ersten Mal in meinem Leben netzwerken sollte, hatten alle Mitleid mit mir. Ich war 17 und mein Vater, der damals noch unseren Werkzeughandel führte, schickte mich zur Juniorentagung unseres Einkaufverbandes. Er sagte: „Vanessa, es ist ganz wichtig, dass du Leute hast, die dich unterstützen und mit denen du einer Meinung bist." Das Wort „netzwerken" kannten damals weder er noch ich.

Also fuhr ich nach Vermont in Holland – natürlich mit dem Zug, einen Führerschein hatte ich 1997 noch nicht. Als ich ankam, kannte ich niemanden. Von den Vorträgen habe ich nichts verstanden. Irgendwer sprach von „Cash Cows" und „Poor Dogs" und ich dachte: Warum reden die über Kühe und Hunde?

Alle waren viel älter als ich, sahen ganz seriös aus und haben sich totgelacht, als ich da stand mit meinen Buffalo-Plateau-Schuhen, meiner Swatch-Uhr und meiner Lieblingsschlaghose. Die dachten: Die arme kleine Vanessa. Und trotzdem: Jeder hat mir geholfen. Sie haben mir gesagt: Wir kennen deine Situation als Unternehmensnachfolgerin. Wir haben das, was dir noch bevorsteht, schon erlebt. Sie haben mit mir –

trotz der Schuhe – auf Augenhöhe gesprochen. Das hat mir unheimlich gutgetan. Ich bin dann bald Sprecherin der Juniorengruppe des Verbandes E/D/E geworden und habe das 15 Jahre lang gemacht.

Warum ich diese Anekdote erzähle? Weil man nie früh genug anfangen kann, zu netzwerken. Man muss sich nämlich sein Netzwerk aufbauen, bevor man es braucht. Wer netzwerken muss, weil er jetzt ein Problem hat, etwa einen Job sucht, einen Auftrag benötigt oder sonstige Hilfe, der hat nicht verstanden, worum es beim Netzwerken geht.

2. Zahlen Sie immer erst auf das Beziehungskonto ein

Es ist einer der ältesten (und besten) Networking-Tipps überhaupt: Überlegen Sie immer, was Sie für die Menschen, die Sie treffen, tun können. Geben Sie und Sie werden zurückbekommen. Die Voraussetzung dafür: Man muss den Menschen die richtigen Fragen stellen und sich für sie interessieren, denn nur so kann man eine Idee bekommen, wie man ihnen helfen kann. Ich überlege zum Beispiel: Mit welcher Person in meinem Netzwerk könnte ich diesen Menschen bekannt machen, wer könnte sich gegenseitig einen Nutzen bringen? Das funktioniert natürlich nur, wenn man wirklich verstanden hat, was die Menschen tun.

3. Setzen Sie sich Ziele und überwinden Sie sich

Natürlich ist es einfacher, sich an einen Stehtisch zu stellen, an dem man schon Menschen kennt. Ich tue das absichtlich nicht. Fremde Menschen anzusprechen kann man – wie die meisten Dinge im Leben – lernen. Ein schöner Gesprächseinstieg gelingt etwa über ein ernst gemeintes (!) Kompliment. Etwa: „Ich finde Ihre Schuhe toll" oder „Die Brille steht Ihnen aber gut".

Genauso wichtig wie das Ansprechen von Menschen ist das Verabschieden. Es gibt nichts Schlimmeres, als den ganzen Abend ein langweiliges Gespräch fortzusetzen, weil man den Absprung nicht schafft. Reden Sie nicht um den heißen Brei herum, schieben Sie keinen Toilettengang vor. Ich plädiere für Ehrlichkeit und eine höfliche Verabschiedung, etwa: „Viel Spaß noch auf dem Event und danke fürs Gespräch, ich gehe mal weiter." Oder: „Da drüben ist noch jemand, mit dem ich mal sprechen möchte, ich wünsche Ihnen noch einen schönen Abend und viel Spaß weiterhin auf der Veranstaltung."

4. Halten Sie Kontakt

Auch wenn es „oldschool" klingt: Haben Sie immer Visitenkarten dabei. Niemand will auf Servietten gekritzelte E-Mail-Adressen mit nach Hause nehmen. Natürlich nutze ich zum Kontakthalten auch Xing, LinkedIn und Facebook. Leider kann man bei Facebook nicht mehr als 5.000 Kontakte haben, aber durch die neue Funktion „Abonnieren" bei einem öffentlichen Profil können die Leute trotzdem mit mir und ich mit Ihnen in Kontakt bleiben. Ich finde, Mark Zuckerberg sollte die Grenze mal anheben.

Mir persönlich gefällt Facebook für die Kontaktpflege am besten, weil man auch mal persönliche Dinge preisgibt, die zum Leben dazu gehören. Und persönliche Informationen sind beim Netzwerken wichtig – und äußerst hilfreich, um Anknüpfungspunkte zu haben, wenn man jemanden wieder trifft. Ich werde auf Events oft auf meine privaten Posts angesprochen: „Du warst ja gerade im Ötztal – wie war's?" Und schon ist man wieder im Gespräch.

Natürlich sollte man genau überlegen, was man von sich preisgibt. Ich habe daher so etwas wie eine natürliche Schutzfunktion auf Facebook: Ich bin mit meiner Mutter, mit meinem Steuerberater und der regionalen Presse befreundet. Daher poste ich nur Dinge, die ich von mir auch in der Zeitung lesen wollen oder meiner Mutter sagen würde.

5. Suchen Sie sich Knotenpunkte zu Netzwerken

Auch wenn man oft nicht zu Beginn sagen kann, welche Kontakte sich einmal als hilfreich erweisen werden, so gibt es doch strategisch wichtige Kontakte, die man sich aufbauen sollte. Ich habe zum Beispiel in meinem Netzwerk viele Bindeglieder in weitere Netzwerke hinein. Das sind Leute, die in Verbänden oder Branchen selbst gut vernetzt sind, etwa im Bund der Jungen Unternehmer, übergeordneten Verbänden oder in der Gründerszene.

6. Bereiten Sie sich vor

Wenn es Teilnehmerlisten gibt, dann schaue ich mir vor einem Event an, wen ich gerne kennenlernen möchte. Außerdem überlege ich, wer aus meinem Netzwerk mir diese Person eventuell vorstellen könnte. Wenn ich etwa auf ein Impuls-Event gehe, schaue ich vorher, welcher meiner Kontakte aus der Redaktion mir wen vorstellen kann. Toll ist, dass bei Events, die über Xing organisiert werden, auch alle Gäste sichtbar sind. Das erleichtert die Vorbereitung.

7. Machen Sie sich nicht klein

Wenn man einen besonders erfolgreichen Menschen kennenlernt oder einen Prominenten, dann sollte man unbedingt darauf achten, dass man auf Augenhöhe mit ihm spricht. Man sollte keinesfalls als Bewunderer auftreten. Es geht den Menschen auf den Keks, wenn man sie auf einen Sockel stellt. Es spricht nichts dagegen, mit einem Vorstandschef oder der Bundeskanzlerin zu sprechen, als wenn man ein Nachbar wäre. Meiner Erfahrung nach finden sie das sogar erfrischend!

Impulse kompakt

Netzwerkarbeit ist kluge Vorarbeit. Achten Sie darauf, dass Sie immer zu einer kurzen Präsentation in der Lage sind und auch spontan zumindest Visitenkarten tauschen können. Verlinken Sie sich nach einem Kennenlernen auch in den sozialen Medien und nutzen Sie das Netzwerk des neuen Kontakts!

#10

Website-Relaunch:
Warum ein Modedesigner meine
Website gestaltet hat

Den Blick über den Tellerrand wagen

Mal eben die Website neu gestalten. Diese Idee konnte ich nicht so schnell wie geplant umsetzen. Dabei war eine Runderneuerung dringend nötig. Denn die alte Seite war nicht responsiv für Smartphones, sehr kleinteilig und ohne einheitliches Konzept für die rund 300 Unterseiten. Sie entsprach nicht mehr dem Zeitgeist und nicht mehr dem neuen Erscheinungsbild der Marke Weber. Schließlich bieten wir unter anderem innovative Lösungen für Büroeinrichtungen an – aber die Website war überhaupt nicht innovativ.

Es hieß also handeln – das war schon vor einiger Zeit, kurz vor meiner neunwöchigen Auszeit. Wo aber anfangen und wie genau und mit wem den Relaunch organisieren? Das war gar nicht so einfach. In den vergangenen Monaten und Jahren habe ich viel gelernt und würde heute einiges anders machen. Das sind meine wichtigsten Erkenntnisse aus dem Relaunch:

Richten Sie eine Kommunikationsplattform ein

Viele E-Mails, Telefonate, manchmal Skype, dann wieder Bildschirmsharing oder Videokonferenz – wir haben für den Relaunch etliche Kommunikationswege benutzt. Dabei sind immer wieder Informationen verlorengegangen, nicht alle Beteiligten waren auf dem gleichen Stand. Deshalb hätte ich früher eine einheitliche Kommuniktionsplattform einrichten sollen. Jetzt nutzen wir Sharepoint. Dort werden alle Notizen, Termine, Kontakte und auch Informationen unserer Lieferanten gespeichert.

Wählen Sie einen Projektverantwortlichen aus

Von November bis kurz vor Fertigstellung der Website sind bei uns die Zuständigkeiten ständig gesprungen, zum Beispiel wegen Krankheit oder Urlaubs. Es gab niemanden, der wirklich den Hut auf hatte, das Einhalten von Terminen kontrollierte und den Überblick über alle Teilaufgaben des Relaunchs behielt.

Heute würde ich sofort einen Projektverantwortlichen festlegen. Das sollte nicht unbedingt der Chef sein, sondern besser ein Mitarbeiter, der dem Projekt mehr Zeit widmen kann. Er koordiniert dann alle Beteiligten: mich, den Designer, den Programmierer, die SEO-Agentur sowie andere Mitarbeiter, die Texte und Bilder liefern müssen.

Viele Beteiligte statt einer großen Agentur zu haben hatte aber auch Vorteile: Es entstanden viel Dynamik und Input. Man muss es aber schaffen, diesen Input zu filtern und das Wichtigste auszusuchen. Zum Beispiel mussten wir häufig zwischen kreativen Designideen und schnellen Ladezeiten abwägen. Schließlich springen laut Experten die Kunden nach drei Sekunden Wartezeit ab.

Schaffen Sie einheitliche Vorgaben

Auf der alten Seite ging vieles durcheinander. Jede Unterseite war anders gestaltet, mal war das Bild oben rechts, mal unten links. Der Text linksbündig oder zentriert, mal gab es einen Teaser, oft aber keinen. Der Grund: Es gab keine einheitlichen Vorgaben für die Mitarbeiter. Diese haben wir nun angelegt, für die Unterseiten und die Blogbeiträge. Dieser Prozess hat uns zu Beginn des Relaunchs viel Zeit gekostet, denn alle Unterseiten mussten aufgehübscht und in das neue Raster gebracht werden.

Gleichzeitig haben wir uns über die Themen für den Blog und die Rubrik „Aktuelles" geeinigt. Im Blog soll nicht nur über Produkte berichtet, sondern Persönliches von der Firma erzählt werden. Dazu gehören das Jubiläum eines Mitarbeiters, unser soziales Engagement oder meine ehrenamtlichen Vorträge an Schulen. Schließlich schauen sich potenzielle Bewerber als erstes die Website an. Die Koordination des Blogs betreut jetzt mein E-Commerce-Manager.

Nutzen Sie Ihr Netzwerk

Mein großes Netzwerk hat mir schon oft geholfen, so auch bei dem Relaunch – einem Thema, mit dem ich mich nur wenig auskannte. Ein Bekannter aus meinem Lionsclub empfahl mir den Modedesigner und Jungunternehmer Patrick Korytko aus Stuttgart, der auch als Webdesigner aktiv ist und mit Programmierern zusammenarbeitet.

Ich kannte die Modelinie von Korytko schon im Vorfeld – insbesondere das Krawatten-T-Shirt, das der Pro7-Moderator Daniel Aminati trägt – und mir gefiel die Idee, mal einen komplett neuen Ansatz auszuprobieren. Warum seine Website nicht einmal von einem Modedesigner entwerfen lassen? Wir legen viel Wert darauf, dass unsere Klamotten perfekt sitzen. Warum sollte eine Website weniger perfekt sein? Nicht nur Kleider machen Leute, sondern Websites auch Unternehmen.

Mein Ziel als Unternehmerin war es, unser Unternehmen maßgeschneidert zu präsentieren und unsere Innovation und Vielfalt einzigartig in Szene zu setzen. Ich möchte keine Standardlösung wie ein gekauftes WordPress-Theme! So schlug Korytko zum Beispiel vor, Bilder auf der Website anzuschrägen und durch freigestellte Elemente spannend in Szene zu setzen – genau so ist unser Logo bereits gestaltet. Diese Idee gefiel uns auf Anhieb und wir haben sie auch genau so umgesetzt.

Präsentieren Sie sich als Marke

Auf der neuen Website sehen die Besucher als erstes ein großes Bild von mir. Damit möchte ich meine Kunden persönlich begrüßen. Schließlich sind wir ein inhabergeführtes Unternehmen – diesen Trumpf müssen wir ausspielen. Viele Kunden sehen es als Vorteil an, dass es jemanden gibt, der den Kopf hinhält. Genau wie Claus Hipp sagte: „Dafür stehe ich mich meinem Namen."

Überlegen Sie sich, welchen Nutzen die Website den Kunden bieten soll

Wer Innovation verkauft, muss auch selbst innovativ sein. Das machen wir jetzt zum Beispiel mit 360-Grad-Videos. Dank der Technik können wir virtuelle Ladenrundgänge anbieten. Stehen die Kunden dabei vor einem Regal, können sie einzelne Produkte anklicken und kommen dann zu einem Erklärfilm in unserem Youtube-Kanal oder in den Online-Shop. Mit Hilfe unserer Werbeagentur IFS lassen wir große Betriebseinrichtungsprojekte bei unseren Kunden in 360 Grad fotografieren. Das Material können die Kunden kostenlos auf ihre Website stellen, wir veröffentlichen diese Erfolgsgeschichten bei uns und oft macht auch der Lieferant mit. Eine Win-Win-Win-Situation. Und apropos Netzwerk: Den Entwickler der Software zur Verarbeitung der 360-Grad-Fotos, Jimmy Warwas, habe ich über Facebook kennengelernt, nachdem ich über Google nicht fündig geworden bin.

Und es gibt noch eine technische Spielerei, die für unsere Kunden sehr nützlich ist: Für die Rubrik Online-Kataloge haben wir mit dem Start-up Scireum zusammengearbeitet. Auf der neuen Website finden Kunden nun alle aktuellen Angebote und Produktkataloge von Werkzeuge Weber und der Hersteller. Die Stichwortsuche ist schneller als Google und bei den Kunden stapeln sich keine alten Broschüren mehr in den Regalen.

Warum sollte ein Kunde ausgerechnet bei mir bleiben oder meine Website im Netz aufrufen? Für mich liegt der Zusatznutzen für meine Kunden in der Beratung. Ich biete ihnen an, ihre Website zu überprüfen und ihnen Verbesserungsvorschläge für ihr Marketing zu machen. Kostenlos. Denn wenn ich starke Kunden habe, sind sie auch für mich starke Kunden. Deshalb hat der Bereich Consulting eine Rubrik auf der neuen Website bekommen.

Platzieren Sie Kontaktdaten und Ansprechpartner

Versteckte Kontaktdaten im Impressum, umständliche Navigation und unklare Zuständigkeiten der Mitarbeiter: Wen können die Kunden wann für welches Thema auf welchem Kanal erreichen? Das haben wir auf der neuen Website gelöst. Ganz oben in der Mitte der Website steht die Telefonnummer. Der Footer mit den allgemeinen Kontaktdaten, Öffnungszeiten und einer Google-Karte mit dem Firmenstandort erscheint bei jeder aufgerufenen Seite. Auf den Unterseiten zu jedem Geschäftsbereich finden Kunden jetzt direkt in der Sidebar den richtigen Ansprechpartner. Außerdem gibt es eine Extraseite „Ansprechpartner", auf der alle Mitarbeiter nach Themengebieten der Kunden aufgelistet sind. Viel einfacher als vorher.

Akzeptieren Sie, dass Ihre Website nie fertig sein wird

Den perfekten Zeitpunkt für ein „Go-Live" gibt es nicht. Es kommt immer etwas dazwischen, wie Krankheit und Urlaub von Mitarbeitern und externen Partnern oder unvorhergesehene technische Probleme. Da heißt es abwägen: Was ist wirklich relevant für den Relaunch und was sind Schönheitskorrekturen? Mir steht mein Perfektionismus dabei oft im Weg. Da ist es gut, wenn Kollegen mich darauf hinweisen, dass manche Details nicht lebensnotwendig sind. Zudem haben wir schon zu Beginn der Programmierung festgelegt, dass wir auch ohne Agentur nach dem Relaunch jederzeit Bilder und Texte auf der Website ändern können. Das ist sehr wichtig, schließlich ist eine Website kein gedrucktes Buch, sondern lebendig.

Impulse kompakt

Akzeptieren Sie, dass digitale Lösungen auch immer neue Herausforderungen mitbringen. Niemals wird der Prozess in einem Unternehmen beendet sein und das ist auch gut so. Stillstand – niemals!

#11

„Nein" ist nur ein Wort mit vier Buchstaben
Herausforderungen erkennen und nutzen

Erfolglose Kaltakquise, geplatzte Aufträge: Mit den Erlebnissen verändert sich auch die Einstellung zu Niederlagen und Entmutigung findet keinen Raum. Erfolg, Erfolg, Erfolg – alles scheint sich heute darum zu drehen. Entscheidend ist aber nicht, dass immer alles gelingt. Entscheidend ist aus meiner Sicht unsere Einstellung zu Niederlagen.

Wie groß ist Ihre Angst vor einem „Nein"? Meine Assoziation zu dem Wort „Nein" ist diese: Es ist nur ein Wort mit vier Buchstaben – mehr nicht. Deshalb gehe ich mit einer sehr positiven Grundeinstellung auf neue Kontakte zu: Es kann nur etwas Gutes bei dem Gespräch herauskommen.

Ein Beispiel: Sie sind Apfelbauer und da ist ein Maschinenhersteller. Sie denken sich, dass ein Maschinenhersteller keine Äpfel braucht. Das ist aber eine reine Annahme. Denn eigentlich können Sie nicht wissen, ob er wirklich keine braucht. Wenn Sie ihn nun doch anrufen und ihm Äpfel anbieten, kann Folgendes passieren: Er braucht keine Äpfel – alles bleibt beim Alten. Das Anbieten einer Dienstleistung ist ein Geschäft ohne Risiko!

Er könnte aber auch sagen: „Gut, dass Sie anrufen. Auf unseren Konferenztischen, für unsere Kunden, da wollten wir schon lange mal was anbieten. Wie viele Äpfel können Sie liefern?" Selbst wenn er keinen Bedarf hat: Wenn er jemals Äpfel brauchen sollte, wird er sich an Sie zuerst erinnern.

Trotz Absagen im Gedächtnis bleiben

Vor einigen Jahren habe ich über eine Empfehlung ein Angebot für einen großen Fußballverein der 1. Bundesliga erstellt. Der Stadionmanager wollte eine voll aus-gestattete Werkstatt mit Werkzeugen und für die Gartenanlage Kettensägen, Ra-senmäher und weitere Ausrüstung. Wir haben eine Woche in die Ausarbeitung des Angebots gesteckt. Zig Telefonate, zig Gespräche, zig Analysen. Ich dachte mir noch: Das wäre eine Spitzenreferenz. Für mich persönlich wäre es ein Highlight, so jeman-den in der Kundenliste zu haben.

Dann der Schockanruf: „Frau Weber, tut mir leid, ich kann Ihnen den Auftrag trotz all Ihrer Mühen nicht geben. Es ist so, wir haben einen Sponsor für die Werkstatt gefunden. Aber danke vielmals."

Ich war enttäuscht über diese Niederlage. Aber es gab auch Hoffnung. Man weiß nie, ob aus einem „Nein" in zwei Jahren nicht ein „Ja" wird. Jedes Angebot, das man abgibt, ist ein Samenkorn im Gedächtnis der Kunden, von dem man nie weiß, wann es aufgeht. Es muss nicht alles direkt geschehen.

Es kann zum Beispiel sein, dass er uns weiterempfiehlt, oder der Einkäufer wechselt die Arbeitsstelle und erinnert sich beim neuen Arbeitgeber an uns. Oder er kommt Jahre später nochmal auf uns zurück.

Erfolge auf die lange Sicht

So war es auch im Fall des großen Bundesligisten. Eines Tages bekam ich einen Anruf aus Ulm. Es war der örtliche Basketballbundesligaverein. „Wir sollen Ihnen schöne Grüße ausrichten von Herrn XY vom Bundesligisten, er hat Sie empfohlen. Wir hätten gerne ein Angebot für die Umkleidekabinen unserer Spieler." Wir haben ein Angebot gemacht und den Auftrag bekommen.

Das Wort „Nein" ist deswegen für mich ohne Bedeutung. Wenn man nicht versucht, neue Kunden zu gewinnen, dann bleibt man stehen. Ein „Nein" hat man schon, be-vor man zum Hörer greift. Entweder es bleibt dabei oder es wird besser. Schlechter kann es jedenfalls nicht werden.

Den Blick nicht auf das Problem, sondern nach vorn richten

Die große Wirtschaftskrise 2009 war ein großer Einbruch. In der Werkzeugbranche gab es Umsatzeinbußen von 40 bis 60 Prozent. Aber trotzdem sind wir aus der Krise mit mehr Umsatz und Gewinn herausgegangen. Wie ich das gemacht habe?

Ich habe gemerkt: In unserer Stammkundschaft, der Industrie, ist momentan nichts zu holen. Egal mit welcher Anstrengung – wegen Investitionsstopps. Da habe ich mir überlegt, wo noch Geld investiert wird, und habe beobachtet, dass während der Eurokrise viele Menschen in ihr Eigenheim investieren. Ich bin auf die Häuslebesitzer und -bauer zugegangen und habe dort Umsatz generiert. Damit haben wir uns ein zweites Standbein aufgebaut.

Der Blickwinkel ist entscheidend

Jeder Motorradfahrer lernt in der Fahrschule: Nie den Blick auf das Hindernis richten, sondern dahin, wo man hinmöchte. Wenn es ein Umsatzloch gibt, schauen viele Unternehmer ständig nur auf dieses Loch, sind wie gelähmt und schlittern auf die Niederlage zu. Etliche meiner Kollegen, die diese Strategie gewählt haben, gibt es heute nicht mehr.

Impulse kompakt

Ich finde jedoch, dass man in solchen Situationen den Blickwinkel ändern muss. Man sollte dorthin schauen, wo der Weizen noch blüht und sich darauf konzentrieren. Das habe ich gemacht und rate jedem: Die nächste Krise kommt bestimmt. Aber es gibt immer einen Weg – nur Mut! Probiert Euch aus, schlechter werden kann es nicht, nur besser!

#12

Marketing: Überwinden Sie diese drei Denkgrenzen!

Mit kreativen Ansätzen stehen alle Türen offen

Mittelständler und modernes Marketing – da prallen oft Welten aufeinander. Dabei liegen einfache und günstige Lösungen zum Greifen nahe. Der Steuerberater mag jeden Steuertrick kennen, der Metzger die beste Wurst der Stadt machen. Aber Marketing? Das verweigern manche kleinen Betriebe entweder ganz oder sie greifen zu längst überholten – und nebenbei bemerkt: teuren – Methoden.

Die Marketingagenturen sind daran nicht so ganz unschuldig. Kleinere Unternehmen werden gerade von den großen Agenturen oftmals mit einem Standardprogramm abgespeist. Schaltet der Wettbewerber Tausende Anzeigen, dann heißt es: Schalten Sie noch mehr Anzeigen. Aber das ist nicht der Schlüssel...

Kürzlich habe ich ein eineinhalbjähriges Coaching bei Alexander Christiani in Sachen Marketing absolviert. Er nennt seinen Weg die 1000-Augen-Kommunikation. Dabei habe ich drei Denkgrenzen kennengelernt, die man in Sachen Marketing überwinden sollte:

Verstecken Sie sich nicht!
Sie sind selbst Ihr bestes Werbegesicht.

Große Unternehmen lassen oft ihre Pressesprecher für das Unternehmen auftreten. Kleinere Unternehmen kommunizieren häufig in der Wir-Form. So bleibt eines der wichtigsten Werbegesichter des Unternehmens völlig ungenutzt: Der Unternehmer.

Kennen Sie das Bild des deutschen Chefs von Nestlé? Oder das Bild des CEO des Elektronikriesen Samsung? Mussten Sie passen? Keine Sorge, das geht den meisten so. Der erste ist Gerhard Berssenbrügge. Der zweite ist Oh-Hyun Kwon.

Kennen Sie hingegen diese Männer? Steve Jobs, der verstorbene Apple-Chef, der zweite, Claus Hipp, Chef des gleichnamigen Babynahrungsherstellers. Da hatten Sie direkt Bilder vor Augen, oder? Mich hat das bestätigt. Ich trete nach außen als Frontfrau meines Unternehmens auf. Das zahlt auch auf das Image und den Bekanntheitsgrad der Firma ein. Die Leute wollen ein Gesicht mit der Firma verbinden, das schafft Glaubwürdigkeit. Nicht zuletzt deswegen haben ich und auch meine Mitarbeiter ein Portraitfoto in der E-Mail-Signatur.

Logos, Ethos, Pathos

Sie wissen nicht, worüber Sie in der Öffentlichkeit reden könnten, wie Sie auftreten sollen? Die Rhetoriktipps von Aristoteles sind zeitlos. Logos bedeutet frei übersetzt: Sie brauchen gute Argumente für Ihre Produkte. Und Sie wissen doch, warum Ihr Produkt gut ist, was es einzigartig macht, oder? Ethos steht für den guten Charakter. Natürlich muss das, was man erzählt, wahr sein, zum Wertesystem der Firma passen. Pathos heißt, dass beim Zuhörer Emotionen geweckt werden müssen.

Wie das funktioniert, kann man an unserem Newsletter sehen, der an mehr als 4.000 unserer Kunden verschickt wird. Wir haben früher versucht, darin preisfokussierte Werbung zu machen, sogar Artikel zum Einstandspreis angeboten. Das Ergebnis: Der Newsletter wurde kaum gelesen. Heute bieten wir einen Mehrwert durch branchenfremde Beiträge (Gesundheitstipps oder spannende andere Blogbeiträge). Und wir tun dies in Form von Geschichten (Achtung: Nicht mit Märchen verwechseln – wir wollen ja beim Ethos bleiben).

Geschichten sind spannender als pure Aufzählungen von Leistungsdaten

Geschichten laden zum Weitererzählen ein. Nicht umsonst raten Gedächtnistrainer: Merken Sie sich anhand einer Geschichte, was Sie sagen wollen. Auch für die eigenen Verkäufer sind Geschichten zu den Produkten eine gute Merkhilfe. Und Geschichten werden von Kunden gerne weitererzählt.

Ein Beispiel: Es gibt von Bosch eine neue Akkutechnologie, die Wireless Charging heißt. Wir hätten in unseren Kunden-Newsletter einfach schreiben können, dass der Vorteil ist, dass man keinen Zweitakku mehr braucht, aber das hätte niemanden interessiert. Stattdessen haben wir eine Geschichte erzählt, die viele Handwerker aus ihrem Alltag kennen.

Heute hat unser Newsletter eine Öffnungsrate zwischen 30 und 36 Prozent, das heißt, wir erreichen weit über 1.000 Interessierte – nicht mit platter Werbung, sondern mit echtem Mehrwert. Gleichzeitig bekommen die Leser Einblicke in unser Unternehmen und können sich vielleicht etwas abschauen. Mal liefere ich eine Checkliste, wie man seine Azubis beim Start ins Berufsleben unterstützen kann, mal erkläre ich, wie wir unseren Umbau bei laufendem Betrieb geschafft haben. Einen solchen Mehrwert kann jedes Unternehmen bieten. Wer Lattenroste verkauft, kann Tipps gegen Rückenschmerzen geben, der Gärtner Ratschläge zum Bäume schneiden...

Der Kunde steht im Mittelpunkt und nicht die Marke

Viele Unternehmen machen immer noch egozentrisches Marketing, so etwa die Telekom. Die kommunizieren: Wir sind die besten. Das ist nicht mehr zeitgemäß. Nehmen Sie als Gegenbeispiel Harley Davidson. Die machen für sich selbst überhaupt keine Werbung. Die sagen: Der Kunde ist der Coolste. Das ist der Grund, warum sich Menschen Harley Davidson tätowieren lassen – und nicht das Telekom-Logo.

Was für die großen Unternehmen gilt, gilt auch für kleine. Ich versuche daher, immer den Kunden in den Mittelpunkt zu stellen. Etwa mit unserer „Meisterstück-Aktion": Wir haben unsere Kunden aufgefordert, uns Ihr Meisterstück zu schicken. Der Gewinner ist das Werbegesicht unserer Handelsmarke geworden.

! Impulse kompakt

Also denken Sie einfach an die drei neuen Denkansätze, die Sie auch Ihrer Agentur als Leitfaden an die Hand geben können:

Der Unternehmer spricht selbst
Der Unternehmer erzählt Geschichten
Der Kunde ist der Held, nicht die Marke
Nun viel Spaß beim Selbermachen – seien Sie mutig und kreativ!

#13

Wie wir aus einem kleinen Auftrag einen Millionen-Deal gemacht haben

Geduld zahlt sich aus

Kunden wissen oft nicht genau, was sie eigentlich wollen. Dabei stecken hinter unscheinbaren Anfragen zum Teil große Aufträge. Wie Sie es schaffen, vermeintlich kleine Deals in große Geschäfte zu verwandeln – wir schaffen es auch!

Es ist schon einige Jahre her, da hatte ich einen Kunden am Telefon: einen international bekannten Automobilhersteller. Er bat darum, dass wir ihm eine Werkbank liefern und ihm deshalb ein entsprechendes Angebot machen. Grundsätzlich kein Problem, doch die Anfrage war sehr schwammig und für die Ausarbeitung brauchte ich mehr Infos. „Für was brauchen Sie die Werkbank denn?", fragte ich, um wenige Sekunden später zu erfahren, dass der Hersteller wohl ein ganzes Werk für seine Rallyeautos bauen wollte. Das klang ziemlich spannend, aber eine einzige Werkbank für ein ganzes Werk? Das schien mir ziemlich wenig. Ich fragte weiter: „Wie soll die denn aussehen? Wie breit, wie hoch? Soll da ein Schrank drunter oder Schubladen?" Der arme Mann hatte keine Ahnung.

Kurze Zeit später stellte sich heraus, dass er im Auftrag seines koreanischen Chefs handelte. Der hatte ihm die Aufgabe übertragen, in wenigen Tagen ein Testzentrum am Nürburgring in Deutschland aus dem Boden zu stampfen, um die Marke durch den Bau von Rallyeautos bekannter zu machen. Vorgaben oder Eckdaten gab es allerdings keine und so war der arme Mitarbeiter natürlich komplett überfordert. In wenigen Tagen sollte er ein ganzes Testzentrum errichten lassen, von dem er selbst gar nicht wusste, wie es auszusehen hatte.

Die Deadline stand allerdings schon im Raum. Es war Freitagnachmittag und schon Dienstag wollte der Konzernchef Ergebnisse sehen. Normalerweise brauchen wir für so einen Auftrag inklusive Lieferzeit vier bis sechs Wochen, jetzt blieben uns nur ein paar Tage. Eigentlich unmöglich! Zumal mir klar war, dass eine einzige Werkbank niemals ausgereicht hätte, um eine ganze Halle zu füllen. Doch Aufgeben kam für mich nicht in Frage, ich witterte unsere Chance: Vor mir hing ein riesiger Auftrag. Wir mussten ihn nur noch ausgestalten.

Wir brauchen einen LKW!

Ich nahm die Konzeption also selbst in die Hand. Da er (oder der Projektleiter) absolut keine Ahnung zu haben schien, was er für die Halle benötigte, trieb ich das Ganze einfach voran. Glücklicherweise fiel mir ein Hersteller ein, der schon mal etwas Ähnliches für einen Automobilhersteller geliefert hatte. Trotzdem war klar, dass wir von heute auf morgen keine komplette Ausstattung herzaubern konnten. Ich schlug dem Mitarbeiter deshalb vor, dass wir einen Sattelschlepper auf dem Parkplatz vor dem besagten Gebäude parken könnten, in dem durch die offenen Seitenwände die Einrichtung der Werkstatt zu sehen war. Klar, das war nur eine Notlösung, aber der Chef könnte so zumindest alles erstmal begutachten: Werkbank, Tankanlage und alle Werkzeuge, die es für Rallyeautos eben braucht!

Der besagte Mitarbeiter war leider gar nicht begeistert. Es war Januar, es war kalt und dieses Szenario wollte er seinem Chef einfach nicht zumuten. Nur leider gab es aus meiner Sicht absolut keine andere Wahl als das oder gar nichts. Zögernd gab er mir die Hand.

Was danach folgte war ein absoluter Team-Erfolg. Wir haben den Sattelschlepper durch's Schneechaos auf den Parkplatz bugsiert, die komplette Einrichtung in Sonderausführung darin installiert und stolz dem koreanischen Chef präsentiert. Der war absolut begeistert – und bestellte direkt zehn solcher Werkbankinseln für die gesamte Halle. Ich bot ihm an, mich auch um die Ausstattung der Hallenbüros, der Regale und das komplette Werkzeug zu kümmern. Er sagte zu und so hatten wir plötzlich einen Auftrag in siebenstelliger Höhe am Haken!

Das alles wäre nicht geschehen, hätte ich nicht beharrlich nachgehakt. Deshalb hier ein paar Tipps, wie auch Sie einen vermeintlich kleinen Auftrag in einen riesigen Deal verwandeln.

1. Wer fragt, der führt

Auf den ersten Blick war dieser Deal ja nichts Besonderes. Werkbänke fertigen wir jeden Tag, da wäre es ein Leichtes gewesen, dem Kunden bloß eine Werkbank zu liefern. Nichts anderes hatte er ja im ersten Gespräch erwähnt. Wer allerdings zwischen den Zeilen liest, aufmerksam hinhört und vor allem hinterfragt, der merkt oft, dass man aus der eigentlichen Anfrage noch viel mehr herausholen kann. Wir fertigen ja schließlich nicht nur Werkbänke, sondern können auch ganze Hallen und Büros ausstatten oder Werkzeug liefern. Glücklicherweise kannte ich das Gebäude, in das der Automobilhersteller einziehen wollte, da dieses einem Kunden von uns gehört und mir direkt klar war, dass hier mehr benötigt wird als eine einzige Werkbank.

Ich wandte also alles an, was die Kunst der Rhetorik zu bieten hat: Ich stellte offene Fragen, um an den Kern des Auftrags zu kommen. Ich ließ ihn ausreden, um möglichst viele Infos zu sammeln. Und als ich merkte, dass er nicht mehr weiterwusste, sprang ich ihm zur Seite und machte eigene Vorschläge. Natürlich war er anfangs skeptisch, aber als er merkte, dass ich Ahnung vom Metier zu haben schien, nahm er die Hilfe mehr als dankend an. So hatte ich einen erleichterten Kunden – und er am Ende einen erfüllten Auftrag.

2. Respekt und Wertschätzung zeigen, auch bei schwierigen Kunden

Wir waren nicht das einzige Unternehmen im Rennen um diesen Auftrag. Um Preise vergleichen zu können, hatte der Automobilhersteller natürlich auch Konkurrenten von uns angerufen. Die konnten mit den schwammigen Infos des Mitarbeiters allerdings nicht viel anfangen und überhaupt: eine Werkbank? Der Auftrag sei viel zu klein. Sie baten den Kunden also, noch einmal anzurufen, wenn er konkretere Eckdaten hätte. Das ist natürlich nie passiert.

Natürlich war auch ich am Anfang stark verunsichert. Der Auftrag war nicht greifbar und die Unsicherheit des Mitarbeiters machte die Sache nicht einfacher. Ich hätte ihn ablehnen können, wie es meine Konkurrenz getan hatte, die ihn im Regen stehen ließ. Ich aber wollte dem armen Mann helfen und nicht unhöflich sein, da ich gut nachvollziehen konnte, wie er sich wohl fühlen musste.

Während sich die anderen also zu schade für diesen, auf den ersten Blick doch sehr kleinen Auftrag waren, habe ich gern geholfen. Und nur dadurch hat sich ja am Ende herausgestellt, dass hier ein viel größeres Potenzial versteckt liegt. Seitdem gilt für mich: Lehne keinen Auftrag ohne genauere Prüfung ab, es könnte sich etwas Großes dahinter verbergen! Außerdem weiß man ja nie, wer genau da vor einem steht. Vielleicht ja der Chef eines großen Industrieunternehmens, der gerade privat ein paar Werkzeuge kaufen will. Wenn wir den von unserer Qualität überzeugen, zieht er uns vielleicht auch mal bei einem größeren Auftrag für seine Firma in Betracht oder empfiehlt uns weiter. Auch unsere Branche läuft nun mal überwiegend über Empfehlungen!

3. Netzwerke nutzen

Große Aufträge kann man oft nicht alleine bewältigen. Da ist es gut, wenn man eine große Bandbreite an Unternehmen kennt, mit denen man schon mal zusammengearbeitet hat oder zumindest in Kontakt steht. Hätte ich den Kunden dieser Rallyetrucks beispielsweise nicht gekannt, wäre mir die Idee mit dem Sattelschlepper als Ausstellungsfläche sicherlich nie gekommen. Und wer weiß: Vielleicht hätten wir den Auftrag deshalb nie bekommen.

Als wir das Werk nach einigen Monaten fertiggestellt hatten, war der Kunde restlos begeistert. Die anfängliche Skepsis war wie weggeblasen und auch wir selbst hatten uns bewiesen, dass wir innerhalb kürzester Zeit Großartiges auf die Beine stellen können. Das alles hätte ich nie ohne mein Team geschafft. Und die Bereitschaft zum Querdenken.

Die Qualität unserer Arbeit hat den Automobilhersteller übrigens so sehr überzeugt, dass wir seitdem mehrere Folgeaufträge bekommen haben. Seit Jahren schon dürfen wir ihn mit unserem Werkzeug beliefern, was uns am Ende natürlich noch viel mehr Umsatz eingebracht hat als der Ursprungsauftrag. Das anfängliche Chaos hat sich also ausgezahlt – und zeigt eindeutig, dass man allein mit Interesse, Nachfragen und Engagement oft schon viel weiterkommt.

Impulse kompakt

Kunden müssen unsichtbar geführt werden. Entwerfen Sie am besten ein internes System, mit dem Sie die Kunden binden, sie inspirieren und dennoch klar anleiten.

#14

Hartnäckigkeit bei der Akquise
Warum Sie wie ein Steinmetz arbeiten sollten

Hartnäckigkeit bei der Akquise zahlt sich aus, das weiß ich aus eigener Erfahrung. Meine Erlebnisse, wie ich einen Kunden nach neun Jahren für uns gewann, prägen mich noch heute. Diese Erfahrungen spiegeln mir, wie wichtig Bodenständigkeit und Vertrauen sind. Wenn ein Steinmetz einen Steinquader an einer bestimmten Stelle auseinanderschlagen möchte, dann zieht er einen Strich an der Stelle, an der der Stein auseinanderbrechen soll. Dann nimmt er einen Hammer und einen Meißel und haut einmal den Strich entlang. Er haut ein zweites Mal und ein drittes Mal – nichts bewegt sich.

Er haut zehnmal auf dieselbe Stelle, aber es ist keine sichtbare Veränderung an dem Stein zu erkennen. Auch nach hundert Schlägen gibt es keine Veränderung. Erst nach dem dreihundertsten Schlag auf immer dieselbe Stelle macht es plötzlich „wumm", der Stein bricht exakt an der Stelle, auf die der Steinmetz vorher scheinbar sinnlos so oft geschlagen hat.

Jahr für Jahr neue Kundentermine

Als Unternehmer muss man wie ein Steinmetz arbeiten. Man muss dranbleiben, auch wenn man kein direktes Ergebnis sieht. Diese Erfahrung habe ich auch mit Kunden gemacht. Ein Beispiel: In den Gesprächen mit meinem Vater fiel immer wieder der Name eines Automobilzulieferers, mit dem er früher gute Geschäfte gemacht hatte – dann aber gab es einen Einkäuferwechsel und wir waren draußen.

Im Jahr 2003 saß ich im Büro und dachte: „Da könntest Du doch mal anrufen." Also rief ich an und fragte: „Wir haben doch früher mal Geschäfte miteinander gemacht, darf ich mal vorbeikommen und mich vorstellen?"

Der Einkäufer lud mich ein. Nach dem Treffen sagte er mir nur: „Schön, dass Sie da waren. Wir haben aber unseren Lieferanten. Danke vielmals."

Ein Jahr später rief ich den Einkäufer wieder an mit dem Argument: „Wir haben unsere Produktpalette erweitert, könnte ich mal vorbeikommen und uns vorstellen?" Er sagte: „Kommen Sie." Das Ergebnis: Sie blieben beim alten Lieferanten.

In den nächsten vier Jahren war ich noch oft dort. Immer mit demselben Ergebnis.

Der Durchbruch – nach neun Jahren

Trotzdem ging ich im Frühjahr 2011 wieder hin – aber diesmal kam ich mit einem Vertrag wieder nach Hause: Wir sind der neue Hauptlieferant für Werkzeuge geworden. Geschlagene neun Jahre habe ich um diesen Kunden geworben, ohne sichtbares Ergebnis. Und plötzlich bricht der Stein. Daraus habe ich vor allem eins gelernt: Wir neigen alle dazu, viel zu schnell aufzugeben. Dadurch verpassen wir oftmals eine ganze Menge.

Impulse kompakt

Mein Fazit: Ausdauer bei der Akquise zahlt sich immer aus
– egal, ob beim Kunden oder bei sich selbst.

#15

Netzwerke sind unersetzlich, sie brauchen Vielfalt

Türen öffnen und anderen Chancen aufzeigen

Als ich begonnen habe, mein erstes eigenes Netzwerk aufzubauen, gab es den Begriff „netzwerken" noch gar nicht. Ich war ziemlich schüchtern und grün hinter den Ohren, als mich mein Vater damals zu einer Gruppe junger Unternehmer in unserem Einkaufsverband schickte, den E/D/E Junioren, für die ich auf eine Händlermesse in die Niederlande fuhr. Auf dieser Tagung versammelten sich gestandene Unternehmer aus ganz Deutschland, Händler und Vertriebler mit einer Menge Expertise. Und da war ich: die junge, unerfahrene Tochter aus dem bayerischen Aschaffenburg.

Was das sollte, wurde mir erst im Nachhinein klar. Denn nur wenige Jahre später fragte mich mein Vater, ob ich sein Unternehmen übernehmen und damit seine Nachfolge antreten wolle. Viele in meinem Alter hätten „Nein" gesagt – und auch ich hätte es wohl, hätte ich nicht auf die Erfahrung dieser inspirierenden Unternehmer zurückgreifen können, die mir auf der Messe damals weniger etwas über den europäischen Handel als vielmehr darüber erzählt hatten, wie das so ist, wenn man als junger Mensch eine Firma übernehmen soll, obwohl man vom Unternehmertum doch eigentlich gar keine Ahnung hat. Kurzum: Ich trat die Nachfolge meines Vaters an.

Verabschieden Sie sich langfristig von einseitigen Netzwerken

Ich war so begeistert von der Welt der Unternehmer und der Tragweite dieses Netzwerks, dass ich sehr bald Sprecherin der Wirtschaftsjunioren wurde. Natürlich ehrenamtlich, Geld bekommt man dafür keins, aber darum ging es mir auch nie.

Mit meiner Entscheidung folgte ich vor allem dem Rat meines Vaters, der Zeit seines Lebens wusste und auch heute noch weiß, wie wichtig Netzwerke für den beruflichen Erfolg sind. 15 Jahre lang durfte ich die tollsten Menschen kennenlernen, von Erfahrungen anderer lernen und mir dieses Wissen über die Jahre zu eigen machen. Heute möchte ich die Kraft meines Netzwerks nicht mehr missen.

Warum es mir so viel wert ist? Weil es mir Türen öffnet, ohne dass ich selbst daran ziehen muss. Weil ich kürzere Wege gehen kann, keinen Umweg einplanen muss und sich Empfehlungsmarketing am Ende immer rentiert. Weil ich Aufträge über Kontakte bekomme, die sich an mich erinnern, oder mir Leute vorgestellt werden, die ich sonst niemals kennengelernt hätte. Doch ein gutes Netzwerk ist nicht einseitig, im Gegenteil – es braucht vor allem eins: Vielfalt. Natürlich ist es nicht verkehrt, wenn sich Frauen in exklusiven Frauenkreisen bewegen oder Männer mit männlichen Seilschaften vertraut sind. Ein Netzwerk ist schließlich besser als keins.

Viel rentabler aber ist die Mischung aus Erkenntnissen, die beide Geschlechter in ihrem jeweiligen beruflichen Umfeld gewonnen haben. Frauen machen nach wie vor andere Erfahrungen als Männer, und Männer geben andere Tipps als Frauen. Am Ende jedoch zählt nicht das Geschlecht, sondern die Expertise des Menschen, die Position, die Erfahrung, die er gemacht hat.

Leute, die nur die Hand aufhalten, mag keiner

Die Vorzüge gemischter Netzwerke liegen also auf der Hand. Aber wie baut man ein solches auf? Spezielle Veranstaltungen zum gezielten Netzwerken bringen in meinen Augen sehr viel. Natürlich dürfen Sie auch reine Frauen- oder Männerevents besuchen, um sich zu vernetzen. Am Ende sollten Sie aber immer schauen, dass die eigenen Kontakte möglichst gut durchmischt sind.

Genauso wichtig: Immer erst mal auf das Beziehungskonto einzuzahlen, bevor man etwas vom anderen verlangt. Sein Bankkonto „plündert" man ja schließlich auch erst, sobald mindestens eine Summe X auf der Habenseite ausgewiesen ist. Statt nach dem Kennenlernen direkt etwas einzufordern, fragen Sie sich lieber: Was kann ich dem anderen Gutes tun, wie kann ich einen Mehrwert für ihn darstellen? Machen Sie sich so interessant, dass der andere gar nicht anders kann, als irgendwann von selbst auf Sie zuzukommen. Sogmarketing nennt das die Wissenschaft.

Smalltalk kann beim Aufbau langfristiger Kontakte natürlich helfen. Das Gespräch übers Wetter darf man allerdings maximal als Konversationseröffnung gelten lassen. Bereiten Sie sich lieber ordentlich auf mögliche Kontakte vor, gehen Sie die Teilnehmerliste von Events durch und verwickeln Sie Ihr Gegenüber gezielt und auf Augenhöhe in eine Unterhaltung. Dann wird Ihr Kontakt gar nicht anders können, als sich wieder bei Ihnen zu melden. Egal ob Mann oder Frau.

Impulse kompakt

Achten Sie immer auf einen Ausgleich, denn nur so bleibt ein Netzwerk erhalten und andere setzten sich ebenfalls gerne für Ihre Interessen ein.

#16

Sechs Pokerweisheiten für Unternehmer

Mit kühlem Kopf, Strategie und Analyse zum Erfolg

Vor vier Jahren habe ich die Begeisterung für das Pokern entdeckt. Beim Kartenspiel trainiere ich für Kundengespräche und gewinne Erkenntnisse, die auch anderen Firmenchefs helfen können. Um es gleich vorweg zu nehmen: Nein, ich will niemanden in die Spielsucht treiben! Ich bin leidenschaftliche Pokerspielerin und möchte erklären, warum mich dieses Hobby auch als Unternehmerin weitergebracht hat. Den wichtigste Punkt deshalb zuerst: Es geht nicht darum, Haus und Hof zu verzocken – sondern darum, die analytischen Fähigkeiten zu schulen und dabei auch noch Spaß zu haben.

Der Virus hat mich vor rund vier Jahren im Kreise der Familie gepackt, als jemand einen Pokerkoffer mitbrachte. An diesem Abend dachte ich mir: „Um Gottes Willen, die Regeln lerne ich doch nie!" In den Tagen darauf habe ich mir Turnierspiele im Fernsehen angesehen und schnell gemerkt, dass im Grunde gar nicht soviel Glück, dafür aber logische Strategie dahintersteckt. Mit etwas Zeit und Übung habe ich mittlerweile ein ganz gutes Händchen entwickelt.

Finger weg von Cash-Games!

Ich spiele privat oder Turnierpoker – keine Cash-Games! Beim Turnierpoker zahle ich einen fixen Betrag, beispielsweise 50 Euro und erhalte dafür 10.000 Euro (unechtes) Spielgeld. Damit kann ich dann mehrere Stunden pokern, vorausgesetzt, ich fliege nicht raus. Als Siegprämie winken in der Regel Ruhm und Ehre, ein Sachpreis oder man bekommt anteilig, was im Pott liegt. Verzockt man sich, sind lediglich die 50 Euro weg.

Bei Cash-Games hingegen lädt man immer wieder reales Geld nach. Das sind die Spiele, bei denen auch schnell mal der Autoschlüssel in der Tischmitte landet. Ich kann jedem nur raten, die Finger davonzulassen. Denn an solchen Tischen sitzen Leute, die genau wissen, wie man – vor allem Anfängern – das Geld aus der Tasche zieht.

Vom Pokertisch zum Kunden

Gut, Pokern ist meine private Leidenschaft – aber warum nutzt es mir in meinem Arbeitsalltag als Unternehmerin? Ich habe gemerkt, dass es viele Fähigkeiten trainiert, die ich auch in meiner Firma brauche. Beispielsweise die Fähigkeit, andere Personen schnell einzuschätzen.

Beim Kartenspiel ist es wie überall im Leben: Es gibt Menschen, die zurückhaltend oder forsch agieren, strategisch oder unberechenbar vorgehen, bluffen oder das Herz auf der Zunge tragen. Je eher ich das durchblicke, desto besser. Schnauft mein „Gegner" laut aus bei guten Karten? Wird er bei Nervosität leicht rot? Pokern schult das Auge für die kleinen Auffälligkeiten.

Dieses spielerische Training kommt mir später bei Kunden oder in Verhandlungen zugute. Wenn ich eine Schwäche entdecke, kann ich dort einhaken. Am Pokertisch habe ich die Möglichkeit, genau das zu üben. Überlegen Sie sich mal, wie viele Kundengespräche ich dafür führen müsste!

Pokerweisheiten für Unternehmer

Ein weiterer nützlicher Aspekt des Kartenspiels: Man baut sich ein Image auf – vergleichbar mit dem Thema Markenbildung. Im Alltag kann ich beispielsweise die Zurückhaltende sein, am Pokertisch aber die Herausfordernde.

Ich persönlich gehöre zu den Menschen, die das Herz auf der Zunge tragen, und ich bin leider immer noch gut lesbar – aber nicht mehr so sehr wie früher. Generell unterschätzen mich die Menschen oftmals, sowohl beim Poker als auch anfangs im Job. Beim Kartenspiel denken sich viele: „Ach komm, das Mädel verjagen wir jetzt vom Tisch." Gleiches gilt in der Geschäftswelt: Da wurde ich als Frau oft unterschätzt, so nach dem Motto: „Was will mir das Mädchen jetzt von Werkzeug erzählen." Beißen sich dann die Männer die Zähne aus, ist das schon ein besonderes Erfolgserlebnis.

Zum Abschluss noch ein kleiner Exkurs zum Thema Begrifflichkeiten: Beim Pokern heißt der Mitspieler „Gegner". Dabei muss man „Gegner" in Anführungszeichen setzen, denn manchmal bin ich selbst mein „Gegner", weil ich mir im Weg stehe, oder die Zeit ist der „Gegner", weil die Deadline eines Projekts näher rückt. Das ist nichts Böses, sondern nur ein Synonym – und natürlich sollte man seinen Kunden nicht als richtigen Gegner betrachten.

Meine sieben Regeln, wie man Poker im Alltag nutzen kann

1. Kenne und visualisiere das Ziel
2. Kenne die Regeln
3. Realitätscheck: Stärken / Schwächen
4. Wer ist mein Gegenüber?
5. Aktuelle Situation / Vorgehen planen
6. Das Finale bestreiten
7. Reflektieren

Konkretes Beispiel: Abnehmen

1. Kenne und visualisiere das Ziel: fünf Kilo in sechs Wochen
2. Kenne die Regeln: Süßes und Kaffee sind tabu
3. Realitätscheck Stärken / Schwächen: 20 Kilo in fünf Tagen sind nicht machbar
4. Wer ist mein Gegenüber: ich selbst
5. Aktuelle Situation / Vorgehen planen: gesunder Einkauf und Menüplanung
6. Das Finale bestreiten: Vier Kilo sind geschafft, nicht aufgeben!
7. Reflektieren: Wie ist es mir in den sechs Wochen ergangen?

Impulse kompakt

Fokussieren Sie sich, seien Sie taktisch klug als Unternehmer und schauen Sie dennoch gelassen darauf, wenn einmal etwas nicht klappt.

#17

Strategische Partnerschaft

„Wir öffnen einander Türen zu neuen Kunden"

Kunden zu gewinnen ist mühsam. Wer langfristig erfolgreich sein möchte, sollte unbedingt auch die Zusammenarbeit mit anderen Firmen suchen – man öffnet sich gegenseitig Türen. Wie funktionieren Allianzen und was bringen sie am Ende? Verbindungen wirken sich weit über die monetären Vorteile aus, denn sie schaffen einen offenen Blick für neue Entwicklungen, Trends und Arbeitsweisen anderer.

Vor einiger Zeit kam ein Unternehmer aus Würzburg auf mich zu. Wir kannten uns nicht, aber er hatte einige meiner Blogbeiträge gelesen. Uwe Kusserow, so heißt er, ist Geschäftsführer einer Firma für Schweißtechnik. Seine Außendienstler hatten ihn gefragt:„Warum haben wir eigentlich keine Werkzeuge im Sortiment?" Immer wieder kämen deswegen Fragen von Kunden. Meine Außendienstler bekommen ähnliche Fragen zu hören. Werkzeug Weber verkauft bislang kein Schweißmaterial, aber anscheinend besteht Bedarf.

Kusserows Firma DSL Schweißtechnik und mein Unternehmen Werkzeug Weber haben also offenbar dieselben Zielkunden: Wer Werkzeuge braucht, braucht häufig Schweißmaterial – und umgekehrt. Konkurrenten sind wir aber nicht. Abgesehen von einer Handvoll Produkte, die beide Firmen anbieten, ergänzt sich unser Sortiment. Vielleicht, sagte Uwe Kusserow, könne es sich lohnen, sich mal auszutauschen.

Als wir uns dann das erste Mal trafen, waren wir einander sofort sympathisch. Und auch unternehmerisch waren wir auf einer Wellenlänge. Schnell stand fest: Wir wollen eine strategische Partnerschaft. Unsere Zusammenarbeit haben wir unbürokratisch per Handschlag besiegelt, ohne Papierkram, ganz nach dem Prinzip des ehrbaren Kaufmanns. Ich freue mich sehr über diese Allianz. Denn: Ich bin sicher, dass alle Beteiligten profitieren können.

1. Wir machen Tandem-Kundenbesuche

Die DSL hat 15 Außendienstmitarbeiter, zwei davon in der Region Aschaffenburg, mein Unternehmen Werkzeug Weber hat fünf. Sie alle erzählen bei Kundenbesuchen nun von unserer neuen Partnerschaft. Und wenn ein Kunde sagt: „Das ist interessant für mich", dann nimmt der Außendienstler beim nächsten Besuch seinen Kollegen von der jeweils anderen Firma mit.

Solche Tandem-Besuche sind für uns eine echte Chance. Dadurch bekommen wir Termine in Unternehmen, die wir sonst nicht so leicht bekommen hätten. Denn natürlich haben all diese Firmen schon einen Lieferanten – und nicht unbedingt große Lust darauf, sich mit einem fremden Außendienstler zusammenzusetzen. Wenn ein bekanntes Gesicht dabei ist, jemand, den sie als zuverlässig und vertrauenswürdig einschätzen, dann sieht die Sache schon ganz anders aus. Das zeigen uns auch die ersten Rückmeldungen unserer Kunden. Die waren sehr positiv.

Gerade arbeiten wir noch an einer gemeinsamen Broschüre, die unsere Außendienstler zu den Kunden mitnehmen sollen. Wir denken auch über gemeinsame Vertriebsaktionen wie beispielsweise Paketpreise nach. Aber das ist noch Zukunftsmusik.

2. Wir werden konkurrenzfähiger

Viele Kunden kaufen gern alles aus einer Hand. Durch die Zusammenarbeit können wir ein breiteres Sortiment anbieten. Das macht es einfacher, gegen größere Konkurrenten zu bestehen.

Mit einem kleinen Kniff können wir es sogar so einrichten, dass der Kunde nur eine Rechnung erhält, wenn er das wünscht: DSL verkauft dann die Ware an uns und wir verkaufen sie weiter an den Kunden und stellen die Rechnung. Oder umgekehrt.

3. Wir erweitern unser Sortiment im Laden

In unserem Verkaufsraum haben wir für unsere Abholkunden eine Auswahl an Produkten aus dem DSL-Sortiment ausgestellt, in den Verkaufsräumen der DSL finden deren Kunden künftig klassische Mitnahmeartikel wie Winkelschleifer und Schleifmittel. Für unsere Kunden heißt das: noch bessere Auswahl und Verfügbarkeit.

4. Wir bieten besseren Service

Die DSL hat bei uns auf dem Firmengelände in Aschaffenburg ein Lager und einen Servicestützpunkt eingerichtet: Dort können Kunden ihre Schweißgeräte abgeben und DSL schickt regelmäßig einen Mitarbeiter vorbei, der die Geräte repariert. Der Vorteil für mich: Ich kann meinen Kunden vor Ort nun einen zusätzlichen Service anbieten.

5. Wir empfehlen uns gegenseitig weiter

Bei der Suche nach vertrauenswürdigen Lieferanten läuft viel über persönliche Weiterempfehlungen. Wenn mich ein Kunde nach Schweißbedarf fragt, sage ich: „Ruft doch mal DSL an" und gebe dem Kunden die Telefonnummer und den Namen des zuständigen Ansprechpartners vor Ort. Allein dadurch, dass wir uns gegenseitig weiterempfehlen, sind schon mehrere Aufträge zustande gekommen.

Das mache ich übrigens auch mit Unternehmen, mit denen wir nicht kooperieren. Wenn ein Kunde bei mir im Laden steht und Schrauben kaufen will, könnte ich sagen: „Schrauben? Haben wir nicht!" Aber ich weiß natürlich, wo der nächste Eisenwarenladen ist – also gebe ich den Kunden einen Kontakt mit. Eine solche Empfehlung kostet mich schließlich nichts. Und die Kunden sind dankbar.

Impulse kompakt

Wer aus Ihrem Netzwerk könnte zu Ihnen passen? Welche Unternehmen haben dieselbe Zielgruppe wie Sie? Vielleicht bietet mein Buch einen Anlass für Sie, über diese Fragen nachzudenken – das würde mich sehr freuen. Viel Erfolg beim Brainstorming und bei der Umsetzung!

#18

Warum es sich auszahlt, unvernünftig zu sein

Spontaneität und Flexibiliät sind ein Muss – nicht nur bei neuen Herausforderungen

Persönlicher Kundenkontakt ist ein wichtiger Erfolgsfaktor bei der Akquise. Warum schwöre ich auf Unvernunft und Telefonhörer? Junges Mädchen in der Männerdomäne Werkzeughandel verfünffacht nach erfolgreicher Unternehmensübernahme den Umsatz – so lautet meine Geschichte in aller Kürze. Für mich selbst war das, was ich in den vergangenen zehn Jahren geleistet habe, zunächst gar nicht so etwas Besonderes. Ja, das Unternehmen wuchs, und ja, der Umsatz stieg. Aber ich machte eigentlich einfach nur meinen Job. Aber ganz ohne Strategie ging es trotzdem nicht. Warum meine erfolgreich ist, hat mehrere Gründe:

1. Die Unvernunft

Ich weiß noch genau, wie ich damals vor dem Fernseher saß und einen Bericht auf einem Regionalsender sah. Es ging um einen Konzern, der mit 1.000 Mitarbeitern von Hessen nach Bayern umgezogen ist. Damals dachte ich: „Die brauchen bestimmt noch einen Werkzeuglieferanten."

Genauer betrachtet war diese Annahme jedoch eher unlogisch. Ein Unternehmen mit 1.000 Mitarbeitern hat doch sicher schon einen Werkzeuglieferanten mit langjährigen Verträgen. Denn mit hoher Wahrscheinlichkeit bestehen längst beste persönliche Kontakte zu den bisherigen Lieferanten. Nun, ich habe trotzdem angerufen – und tatsächlich war die Geschäftsleitung interessiert.

Das hat mir gezeigt, dass man Dinge auch dann tun sollte, wenn sie unvernünftig erscheinen. Man sollte sie sogar tun, obwohl der eigene Verstand und Geschäftspartner davon abraten! Auch wenn es natürlich nicht immer super klappen wird, lohnt es sich, Muster zu durchbrechen und dem Zufall eine Chance zu geben.

2. Der Telefonhörer

Neben der Spontaneität hat mir vor allem ein Gegenstand zum unternehmerischen Erfolg verholfen: der Telefonhörer.

Eines Tages entdeckte ich im E-Mail-Posteingang eine große Anfrage zu einer Ausschreibung aus Oldenburg. Voller Euphorie zeigte ich sie meinem Vater: „Schau mal, eine riesige Anfrage per E-Mail."

Seine ernüchternde Antwort: „Das lohnt sich nicht. Schriftliche Anfragen kannst Du in den Abfall werfen. Solche Anfragen gehen an Hunderte Anbieter. Die schauen vor allem auf den Preis, was dazu führt, dass die Anbieter sich gegenseitig die Preise in den Keller ziehen. Investier deine Zeit lieber in Sinnvolleres."

Aber ich wollte es drauf ankommen lassen und versuchte es trotzdem. Ich habe mir die Ausschreibung näher angeschaut. Mir Änderungen und Fragen überlegt. Dann habe ich zum Telefonhörer gegriffen. Ich hatte das Glück, den Inhaber direkt sprechen zu können. Er war erst überrascht und dann begeistert, dass ich das persönliche Gespräch gesucht habe. Die Ausschreibung ging an 50 Anbieter und ich war die einzige, die angerufen hatte. Ich habe ihm meinen Vorschlag unterbreitet. Er fand ihn gut und hat den Auftrag an uns vergeben.

Sechs Gründe für den direkten Kundenkontakt

Natürlich können Sie Ihre Nachfragen auch per E-Mail an den Kunden senden, aber dann fehlt Ihnen der direkte Dialog. Durch den persönlichen Anruf ist die Präsenz viel stärker und der Inhaber hat folgende Erfahrungen mit mir gemacht, die ein großer Vorteil für mich sind:

Da reagiert jemand schnell.
Da erkennt jemand mein Problem.
Da versteht jemand was von seinem Handwerk.

Da versucht jemand nicht nur, es mir recht zu machen oder seine Mitbewerber über einen sensationell niedrigen Preis aus dem Rennen zu werfen. Da ist jemand, dem es um Qualität geht – mit dem Nutzen für mich, dass ich lange etwas davon habe. Da sucht jemand nach der perfekten Lösung für mein Problem.

Suchen Sie das persönliche Telefonat

Schauen Sie sich an, wie Sie selbst, aber auch wie Ihre Mitarbeiter oder Ihre Verkäufer agieren. Kommunizieren Sie vor allem schriftlich mit Ihren Kunden und Interessenten oder suchen Sie das direkte Gespräch?

Es ist sehr wichtig, über den persönlichen Kontakt Beziehungen aufzubauen. Deshalb steht auf unserer Internetseite auch unter jedem Produkt der Hinweis „Haben Sie Fragen? Ich berate Sie gerne", plus Telefonnummer. Damit laden wir die Interessenten zum persönlichen Kontakt ein und geben jedem Einzelnen das Gefühl, dass er uns wichtig und mehr als nur irgendein Kunde ist.

90 Prozent der Kunden rufen tatsächlich an, bevor sie kaufen – das zeigt uns, wie sehr Menschen dies schätzen. Natürlich bindet das Mitarbeiter, denn jemand muss die Anrufe ja entgegennehmen, aber die Umsätze geben uns mit dieser Strategie recht.

Kommunizieren Sie über die Website

Schicken Sie Menschen Ihres Vertrauens oder auch Kunden, zu denen Sie einen engen Kontakt haben und die keine Angst davor haben, Ihnen ihre ehrliche Meinung zu sagen, auf Ihre Internetseite.

Bitten Sie diese Personen, Ihre Homepage als Interessenten für Ihre Produkte zu besuchen, und fragen Sie sie, ob und wie sehr sie sich positiv und einladend von Ihrer Website angesprochen fühlen, was ihnen vielleicht fehlt oder was sie gar dazu bringt, die Seite schnellstmöglich wieder zu verlassen.

Denn nur, wenn Sie Ihre Außendarstellung durch die Brille des Interessenten beziehungsweise des Kunden betrachten und bewerten lassen – und ja, das kann weh tun, wenn das Ergebnis weniger positiv ausfällt als erhofft – haben Sie die Chance, sie kundenfreundlicher zu gestalten.

Impulse kompakt

Mit der gehörigen Portion an Mut schaffen Sie nicht nur Produkte, die „süchtig" machen, sondern liefern mit Ihrer Persönlichkeit und der Ihrer Mitarbeiter einen zusätzlichen Anreiz, sich geschäftlich mit Ihnen zu verbinden.

#19

Sei ein Vorbild und beratende Inspiration!

Was tun, wenn der Kunde nicht weiß, was er will?

Oft genug weiß ein Kunde selbst nicht genau, was er will. Wie verwandeln wir solche unkonkreten Kundenanfragen in Aufträge? Jeder Kunde ist anders. Aber in 40 Prozent der Fälle weiß der Kunde überhaupt nicht, was er will. Ein Beispiel:

Mein Telefon klingelt: Ein Herr Kim von einer Automobilfirma ist dran.
Er fragt mich: „Können Sie eine Werkbank liefern?"
„Für was brauchen Sie denn die Werkbank?"
„Wir wollen ein neues Werk in Deutschland aufbauen."
„Wie lang soll die Werkbank denn sein?"
„Weiß ich nicht."
„Welche Farbe?"
„Weiß ich nicht."
„Sitz- oder Steharbeitsplatz?"
„Weiß ich nicht."

Auch die nächsten Fragen kann er mir nicht beantworten. Dann sagt Herr Kim: „Das Problem ist: Am nächsten Dienstag kommt mein Konzernchef aus Korea und er will eine Mustereinrichtung von der Werkstatt sehen."

Ich stelle noch zwei weitere Fragen und merke: Der arme Mann hat keine Ahnung, was dort hingestellt werden soll. Aber eines weiß er: Am Dienstag muss es fertig sein. Ich schaue auf die Uhr – es ist Freitagnachmittag, 17.30 Uhr.

Er sagte: „Machen Sie!"

Die Führung übernehmen und dem Kunden helfen

Das war der Moment, in dem ich das Heft in die Hand nahm. Ich überlegte: „Welcher Hersteller von Werkbänken aus meiner Lieferantendatei hat schon einmal etwas Ähnliches für einen Automobilhersteller gemacht?" Und da fiel mir jemand ein.

Also rief ich Herrn Kim zurück und sagte: „Bis Dienstag können wir Ihnen unmöglich eine Werkbank in der gewünschten Ausführung in Ihr Gebäude stellen. Aber was wir machen können: Wir können auf dem Parkplatz einen Sattelschlepper aufbauen, mit offenen Seitenwänden – und dort drin schimmert dann Ihre Werkstatteinrichtung in Ihrer gewünschten Ausführung. Mit Tankanlage, Werkzeugschränken und allem, was das Herz begehrt."

Herr Kim war nicht begeistert: „Es ist Januar, es ist kalt. Ich will das meinem Chef nicht zumuten." Aber ich insistierte: „Das ist die einzige Möglichkeit, die wir haben. Also lassen Sie uns das tun. Die Zeit rennt." Dann sagte er: „Machen Sie!"

Plötzlich gab viel zu organisieren. Der Sattelschlepper musste transportiert, ein ausgefallener Fahrer ersetzt und das Schneechaos an dem Tag überwunden werden. Aber wir haben es geschafft. Am Ende hat es dem Chef gefallen – und wir haben einen Auftrag über zehn Werkbankinseln erhalten.

Helfen Sie den Kunden mit den Details

Andere Anbieter hatten gar kein Angebot abgegeben, weil sie keine konkreten Angaben hatten. Die hatte ich auch nicht – aber ich habe den Kunden nicht allein gelassen. Ich habe ihn geführt. Und so sollten Sie es auch machen: Wenn Sie Anfragen von Kunden bekommen, die keine konkrete Vorstellung von ihrem Projekt haben, fragen Sie genau nach.

Andere Unternehmer werfen vielleicht die Flinte ins Korn, weil ihnen das zu aufwendig ist. Sie sagen: „Mit den Angaben können wir kein ordentliches Angebot machen. Melden Sie sich wieder, wenn sie wissen, was Sie genau wollen."

Aber einen Kunden deswegen zu verlieren, ist gar nicht nötig. Der Kunde kennt sein grobes Ziel, aber nicht die Details – und Sie können ihm helfen, die Details zu definieren. Sie können das Heft in die Hand nehmen und im Sinne des Kunden handeln.

Impulse kompakt

Der Kunde weiß nicht, wo er ein Fitnessstudio bauen will? Sie stellen einen Kontakt zum Makler her, der die Vorschläge macht. Er weiß nicht, wie hoch das Gebäude sein soll? Sie organisieren einen Architekten oder einen Statiker, der regelt das.

Er weiß nicht, wie hoch sein Budget ist? Sie helfen, den Finanzrahmen abzustecken oder organisieren ein Bankgespräch.

Ihre Kunden werden es Ihnen danken.

Führung

Führung & Personal

Technologien und Schnelllebigkeit sind in der Zukunft angekommen, Menschlichkeit in der Führung und eine stabile Wertekultur noch nicht.

Nicht danach fragen, leben! Der geheimnisvolle Begriff der Führung weckt in nicht wenigen Unternehmern erst einmal Unbehagen, obwohl das Vertrauen in die eigenen Werte eigentlich das beste Handwerkszeug darstellen sollte. Arbeiten auf Augenhöhe mit dem Team, mit Dienstleistern oder auch Auftraggebern ist kein Hexenwerk. Wer es schafft, sich selbst zu führen, wird dies auch im Umgang mit anderen problemlos verkörpern können. Natürlich gibt es in jeder Führungskultur immer auch Luft nach oben – aber dafür sind wir alle Menschen, die lernen dürfen. Führungskulturen müssen immer auch äußeren Herausforderungen angepasst werden – immer zu beachten ist der Faktor Mensch, der in Entscheidungen und Entwicklungen maßgeblich hineinspielt.

Dies ist nicht die Zeit, um Mauern zu bauen und für sich alleine zu arbeiten. Zufriedene Mitarbeiter sind die Stellschrauben, die Erfolg ausmachen. Mehr noch zeichnet sich eine gelungene Führung dadurch aus, dass wir uns öffnen und gemeinsam Projekte umsetzen. Als Unternehmer haben wir die Verantwortung – es gibt riesige Projekte, vor allem auch die Umwelt betreffend – die nur gemeinsam realisiert werden können. Somit wird Führung zu einem nützlichen Tool, nicht aber zu einem Druckmittel.

Institutionen und Unternehmen müssen wieder traditionelle Rollen einnehmen und jenen Impulsen entgegenwirken, die Führung zu einem leidigen Thema machen – in ein wertschätzendes Modell eingebunden wird Führungskultur zu einen neuen alten Identität und Größe, nicht nur in Familienunternehmen.

„Sie dürfen nicht alles glauben,
was Sie denken.“

Heinz Ehrhardt

MOHAMED HASSAN AUF PIXABAY

#20

Geld ist nicht alles
In drei Schritten zu motivierten Mitarbeitern

Der ideale Arbeitnehmer ist aus sich selbst heraus motiviert, hat die Werte des Unternehmens verinnerlicht und trägt diese erlebbar nach außen. Doch wie lässt sich das erreichen? Sicherlich nicht allein mit Geld. Motivationsfaktoren sind wesentlich und dabei auch nicht pauschal immer auf alles anwendbar.

Motivation kann nicht verordnet oder per Anreizsystem geweckt werden, sie muss sich schlichtweg von innen heraus zeigen. Externe Motivatoren wie Gratifikationen oder Boni helfen allenfalls temporär und lassen Mitarbeiter schnell weiterziehen, wenn woanders noch mehr Geld lockt. Einzelne Bonuszahlungen an meine Mitarbeiter sehe ich als eher kontraproduktiv. Ein System aus finanziellen Belohnungen und Statusdenken fördert Einzelkämpfer. Werkzeug Weber, meine Firma, hat aber ein Wertesystem, in dem familiäre Gemeinschaft, Miteinander und Kollegialität besonders groß geschrieben werden. Boni gibt es entweder nur für alle oder eben für keinen. Egal, wer am Ende einen Auftrag geholt hat – Erfolg hat immer mehrere Väter und nur mit Teamwork wird er ermöglicht. Ein Wettbewerbsgedanke, der nur auf den Einzelnen setzt, passt nicht zu einer kleinen Firma mit 24 Mitarbeitern und ebenso wenig zu meiner Arbeits- und Lebensphilosophie. Wir wollen und brauchen keine Ellenbogenkultur.

In der XING-Gehaltsstudie 2019 wurde die Frage gestellt, ob ein Mitarbeiter bereit sei, in einen neuen Job mit mehr Sinnhaftigkeit oder gesellschaftlicher Verantwortung zu wechseln, auch wenn er dort weniger Geld verdienen würde. Für mich war es spannend und erfreulich zu sehen, dass die Hälfte aller Befragten in Deutschland mit „Ja" antwortete. Natürlich können wir Mittelständler nicht so hohe Gehälter zahlen wie Konzerne. In Zeiten des Fachkräftemangels haben wir aber doch einen Vorteil gegenüber den Großen: Wir sind menschlich, nahbar und glaubwürdig. Die Gehaltsstudie zeigt, dass intrinsische Motivatoren bei sehr vielen Menschen mehr Bedeutung haben als zum Beispiel Geld. Woran macht man aber intrinsische Motivatoren fest? Der Motivationsforscher Dan Pink beschreibt drei intrinsische Faktoren für Motivation:

1. Selbstorganisation

Der Begriff „Empowerment" ist in aller Munde und genau darum geht es in dem Motivationsfaktor „Selbstorganisation." Arbeitnehmer möchten in der Lage sein, ihre Arbeit selbst gestalten zu können. Ich gebe meinen Mitarbeitern viel Handlungsspielraum – etwa in der Intensität der Kundenbetreuung, bei den persönlichen Arbeitszeiten oder bei der Entwicklung eigener Abläufe und Prozesse. Werkzeug Weber setzt hierbei auch auf Teamstrukturen. Wir haben Außen- und Innendienstmitarbeiter in Teams zusammengebracht, die sich weitgehend selbst organisieren dürfen. Die positiven Effekte, die wir dadurch erzielen konnten, waren mehr persönliche Eigenverantwortung und ein kollektiver Teamspirit. Ein Mitarbeiter, der bisher nur im Innendienst unterwegs war, identifiziert sich jetzt auch viel mehr mit den Kunden, die bislang vom Außendienst betreut wurden. Die Themen verschmelzen. Das Wissen um die Kunden und die Produkte wuchs, so dass die Beratung so deutlich besser wurde und das Silodenken ein Ende hatte. Insgesamt also ein deutlicher Gewinn an Qualität, Output, Kunden- und Mitarbeiterzufriedenheit.

2. Überlegenheit

Arbeitnehmer streben danach, etwas zu lernen, in dem sie immer besser werden können. Dieses Streben leben wir bei Werkzeug Weber. Doch auch hier schauen wir, dass nicht nur der einzelne Kollege besser wird, sondern immer auch das gesamte Team profitiert. Wir probieren wahnsinnig viel aus, sind immer offen für Vorschläge und neue Technologien. Jeder darf bei uns Vorschläge machen. Wenn die neuen Ideen eine Verbesserung versprechen, werden sie eingesetzt. Funktioniert die Idee, sind wir glücklich. Funktioniert sie nicht, haben wir es immerhin probiert und etwas gelernt. Bei uns muss niemand Sorge haben, wenn seine Idee dann in der Praxis doch nicht den gewünschten Zweck erfüllt – wir belohnen die Idee als solche, die Veränderungsbereitschaft und das Mitdenken.

Auch legen wir großen Wert auf Fortbildungen – fachliche, aber auch persönliche. Alle Mitarbeiter wurden in den Prozess eingebunden als es darum ging, unsere Werte zu definieren und zu formulieren. Ich selbst gönne mir mehrere Wochen in Persönlichkeitstrainings – vom Schweigekloster über TV-Seminare bis hin zu Führungsprogrammen. Mein Wissen gebe ich weiter. Wenn Mitarbeiter Interesse an bestimmten Themen haben, ermögliche ich ihnen Weiterbildungen. Über allem steht die Frage: Was hat die Gemeinschaft davon? Stiftet das, was an neuem Wissen ins Unternehmen kommt, Nutzen für alle? Dieser Denkansatz lässt bei uns viel mehr Möglichkeiten zu als in anderen Unternehmen, in denen der Verkäufer „nur" besser verkaufen lernt, der Einkäufer „nur" besser verhandeln und der Handwerker „nur" neue Techniken. Wir denken interdisziplinär und vor allem menschlich.

3. Sinnhaftigkeit

Wir alle haben eine Sehnsucht danach, im Sinne von etwas Größerem zu handeln. Die Frage ist, wie man das in einem Unternehmen mit Leben füllt. Wir differenzieren den Sinn sogar: Neben unserer Unternehmensmission, den Arbeitsalltag für unsere Kunden attraktiver und leichter zu machen und dafür alles einzusetzen, suchen wir auch auf der sozialen und gesellschaftlichen Ebene nach Sinn und leben unsere Werte. So engagiere ich mich intensiv für den Klimaschutz, unterstütze die regionale Gruppe von Plant-for-the-planet *(https://www.plant-for-the-planet.org/de/startseite)* und Baumpflanzaktionen.

Zudem entscheiden wir uns bewusst für neue Technologien, die die Umwelt schonen und CO_2 einsparen. Wir sehen uns auch auf der Investitionsebene als Vorbild. Ich spende viel an soziale und kulturelle Projekte, engagiere mich in Verbänden und Clubs. Getragen wird dies auch durch die Mitarbeiter, die das durch ihren Einsatz überhaupt erst ermöglichen. Sie vertreten mich, wenn ich in sozialer Mission unterwegs bin, und sind aktiv einbezogen – wir greifen als Rädchen ineinander und stehen für unsere Werte zusammen ein. Jeder kann und darf eigene Projekt- und Förderideen einbringen, denn auch viele Charity-Aktionen haben ihren Ursprung in der Belegschaft. Ich ermutige die Kollegen auch, sich selbst für das Gemeinwohl zu engagieren, gewähre gerne Fortbildungen oder freie Tage. Das zahlt sich aus: Oft steht

Werkzeug Weber dafür in der Zeitung. Wir gewinnen viele Auszeichnungen, was die Mitarbeiter mit Stolz erfüllt und erneut motiviert. Sie spüren, dass sie Teil von etwas sind, das zumindest in kleinem Rahmen die Welt verbessert.

Impulse kompakt

Jeder kann etwas bewegen – und wir bewegen eben das, was wir können. Gemeinsam.

#21

Nur ein überflüssiger Chef ist ein guter Chef

Einfach mal Abstand gewinnen

Sich einfach mal rausziehen und die Fäden anderen überlassen? Für viele Führungskräfte unvorstellbar! Ich habe mich getraut – und bin seitdem für meine Mitarbeiter überflüssig. Zum Glück. Sich Freiraum schaffen und loslassen führt zu mehr Klarheit und gleichzeitig zu gegenseitigem Vertrauen.

Vor einigen Jahren stand ich gefühlt kurz vor einem Burnout. Ich hatte ein sehr anstrengendes Jahr hinter mir und kaum Urlaub genommen, weil ich die Tage lieber für meine anstehende Weltreise verwenden wollte. Damit in der Firma alles weiterläuft, musste meine Abwesenheit natürlich perfekt geplant werden, was mir zusätzlichen Druck bereitete. Aufgaben, die normalerweise mein Beritt waren, musste ich auf meine Mitarbeiter verteilen, Verantwortlichkeiten und Zuständigkeiten hundertprozentig klären und dabei immer sichergehen, dass der Laden auch ohne mich läuft. Irgendwann ging ich total auf dem Zahnfleisch, weil mir alles über den Kopf wuchs, aber ich wusste ja, wofür ich es tat. Trotzdem war ich ständig gereizt, genervt und schon bei Kleinigkeiten auf der Palme.

Als mein Urlaub dann endlich losging, war meine Freude natürlich riesig. Singapur, Bali, Australien, Neuseeland, Tahiti, Hawaii und San Francisco: alles wollte ich innerhalb von zwei Monaten bereisen und dabei einfach mal komplett abschalten. In den ersten Wochen gelang mir das leider nur so mittelmäßig, obwohl ich mir fest vorgenommen hatte, mich voll und ganz zu entspannen. Meine Mitarbeiter kümmerten sich um die E-Mails und ich wusste, dass ich mich auf sie verlassen konnte. So richtig loslassen konnte ich anfangs trotzdem nicht.

Vielleicht war es auch die Angst, unentbehrlich zu sein. Ich war Tausende Kilometer entfernt, es war meine erste große Auszeit und ich wusste ja nie richtig, ob es vielleicht doch Probleme gibt oder Schwierigkeiten, in denen ich gebraucht werde. Natürlich vertraue ich meinen Mitarbeitern zu tausend Prozent, und dennoch ist es als Chef – gerade wenn es ein Familienunternehmen ist und man selbst so tief in den Prozessen steckt – einfach schwierig.

Es ist merkwürdig, wenn man nicht mehr gebraucht wird

Nach drei Wochen hatte ich meine Unsicherheit zum Glück überwunden und wurde von Tag zu Tag entspannter. Nach 60 Tagen Urlaub hatte ich vielleicht sechsmal mein Handy gecheckt, was ich für einen ziemlich guten Schnitt halte. Wahrscheinlich lag es vor allem daran, dass mein Vater und mein Bruder Zugang zu den Postfächern hatten und alle Anfragen fleißig abarbeiteten. Vor meiner Rückkehr graute es mir trotzdem ein bisschen, weil ja immer irgendetwas liegenbleibt und auf den Chef wartet. Drohte mir vielleicht doch das totale Chaos? Würde mein Schreibtisch wirklich so leer und aufgeräumt sein, wie ich ihn vor meiner Reise verlassen hatte?

Zum meinem Erstaunen war er das tatsächlich: ordentlich und ohne irgendwelche Briefe, die auf mich gewartet hätten. Als ich die ersten Meetings nach meinem Urlaub besuchte, erwartete niemand eine Entscheidung von mir, ich war bloß Zuhörer und die anderen waren die Macher. Augenscheinlich lief der Betrieb wie von allein als ich weg war und das ließ mich einen kurzen Moment stutzen. Hatte ich mich durch meinen Urlaub selbst abgeschafft? War ich plötzlich überflüssig?

Nach wenigen Minuten war mir klar: ja, ich war es! Ein totaler Schock, der sich aber mit jedem weiteren Gedanken besser anfühlte, denn mir wurde klar, dass meine Mitarbeiter plötzlich selbstständiger waren als je zuvor. Die Geschäftszahlen waren positiver als im Vorjahr, und das ganz ohne mein Zutun. Die Meetings liefen reibungslos und die Auftragszahlen gingen weiter nach oben. Es war sehr merkwürdig, aber auch sehr schön zu sehen, dass man sich als (guter) Chef wohl tatsächlich einfach mal rausziehen kann und nicht mehr direkt im, sondern AM Unternehmen arbeiten kann.

Mit anderen Worten: Ich war vom Spielfeld auf die Trainerbank gewechselt. Statt selbst Tore zu schießen und Aufträge an Land zu ziehen wie früher, bin ich jetzt eher strategisch am Spiel beteiligt und nur noch indirekt am Ball. Stattdessen punkten jetzt meine Angestellten mit Volltreffern und neuen Kunden. Klar, dass ich da nicht mehr einfach aufs Spielfeld rennen kann und mitspiele, aber es fühlt sich auch gut an, die Erfolge meiner Mitarbeiter von der Trainerbank zu beobachten und selbst Freiraum zu gewinnen.

Erfolg ist eine Sache des gesamten Teams

Und darum geht es doch, wenn man erfolgreiche Teams zusammenstellen will: Man braucht selbstständige Mitarbeiter, die motiviert über das Spielfeld rennen und sich gegenseitig die Bälle zuspielen, um am Ende gemeinsam Erfolge zu feiern. Dafür braucht es sicherlich auch einen guten Trainer, aber der bestimmt eben nur die übergeordnete Taktik, den langfristigen Erfolg, nicht das Tagesgeschäft und jedes einzelne Spiel beziehungsweise jeden Kundenkontakt. Nur so greifen alle Zahnräder ineinander, weil jede Achse und jedes Rädchen genau weiß, dass es seine Aufgabe hat und wie es zum Erfolg führt.

Während der Betrieb läuft, und das tut er bei uns sehr gut, kann ich mich als Chefin um das große Ganze kümmern: um unsere Zukunftsperspektiven, strategische Allianzen, Dinge wie: Was brauchen wir, wo bauen wir vielleicht einen neuen Standort auf und wie sieht unser Geschäftsmodell eigentlich in ein paar Jahren aus? Das alles ginge gar nicht, wenn es an jeder Ecke brennen würde und ich ständig Feuer löschen müsste. Natürlich bin ich trotzdem noch nah an den Prozessen und habe immer ein Ohr für meine Mitarbeiter und auch für unsere Kunden, damit alles so erfolgreich weiterläuft wie bisher. Aber wirklicher Erfolg, der auch entspannter zu erreichen ist, stellt sich erst ein, wenn man als Chef im Tagesgeschäft so gut wie überflüssig ist.

Denn am Ende des Tages ist es nicht der Chef, der die Millionenumsätze für sein Unternehmen generiert oder einen Kunden nach dem anderen an Land zieht; es sind die fleißigen Mitarbeiter, die Vertriebler, die Lagermitarbeiter und die Buchhalter, die wissen, wie der Laden optimal läuft.

Und deswegen sind Chefs zwar oft Aushängeschild einer Firma, aber eben nur ein Teil des Firmenerfolgs. Der erste Mann auf dem Mond – und das ist ein schöner Vergleich, den ich letztens gehört habe – ist ja auch nicht allein und vollkommen ohne Hilfe ins All geflogen. Neil Armstrong hatte ein ganzes Team an Forschern hinter sich, Ingenieure und Wissenschaftler, die jahre- wenn nicht sogar jahrzehntelang für diesen einen Moment geforscht haben. Deshalb ist es eigentlich falsch, den Erfolg einer ganzen Nation immer wieder allein an Neil Armstrong festzumachen. Es war sein

Team, das ihn so weit gebracht hat. Und das sollten wir uns als Chefs und Vorgesetzte immer bewusst machen!

Impulse kompakt

Wenn Sie von Beginn an den Prozess der Einstellung von Mitarbeitern planen und ein System entwickeln, auf das Sie vertrauen können, ist auch das Loslassen als Chef ohne Probleme möglich.

#22

Ihr meistert das!
Eigenverantwortung fördern ist eigentlich einfach

Mitarbeiter mit Eigenverantwortung können Entscheidungen auch ohne ihre Chefin treffen. Genau das will ich als Unternehmerin fördern. Jahrelang hatte ich meinen Schreibtisch im Großraumbüro. Ich saß mittendrin im Geschehen, habe mitbekommen, was meine Mitarbeiter beschäftigt, und bei Fragen war ich für sie immer greifbar. Mit dem Umbau der Büroräume vor über einem Jahr hatte ich dann plötzlich mein eigenes Büro im ersten Stock – zwangsweise: Der Umzug war nicht geplant, sondern einer Renovierung geschuldet.

Ganz allein zu sein, war am Anfang sehr ungewohnt. Aber die neue Lage hatte auch Vorteile. Jetzt habe ich mehr Distanz zum Tagesgeschäft. Früher sind wegen alltäglichen Angebotskalkulationen und des Aufräumens im Lager strategische Aufgaben oft liegen geblieben. Dabei braucht man als Geschäftsführer den Adlerblick: Man muss über den Dingen stehen, um planen zu können.

Wie soll das Warenwirtschaftssystem weiterentwickelt, wie können Mitarbeiter gefördert werden, wie können wir Kunden an uns binden und die Digitalisierung vorantreiben? Für diese Fragen habe ich seit dem Umzug viel mehr Zeit – und auch Lösungen: Zum Beispiel habe ich kürzlich einen E-Commerce-Manager eingestellt, um uns bei der Digitalisierung zu unterstützen. Das ist ungewöhnlich für einen kleinen Betrieb mit nur 24 Mitarbeitern.

Am meisten hat sich seit dem Umzug aber die Zusammenarbeit mit den Mitarbeitern verändert – hin zu mehr Eigenverantwortung für jeden einzelnen. Dieser Prozess ist langwierig und auch für mich als Chefin eine Herausforderung, aber die gewonnene Zeit ist kostbar.

Sieben Tipps, wie Sie die Eigenverantwortung Ihrer Mitarbeiter fördern können:

Ein eigenes Büro beziehen

Dass ich mich auf die strategischen, unternehmerischen Entscheidungen besser konzentrieren kann, war der wichtige Effekt des Umzugs in ein eigenes Büro. Doch das ging nur unter der Bedingung, dass meine Mitarbeiter selbstständige Entscheidungen treffen würden.

Dabei hat mir ein eigentlich ganz trivialer Fakt geholfen: die Treppe in den ersten Stock. Im Großraumbüro konnten sie mir ihre Fragen durch den Raum zurufen, jetzt gibt es eine gedankliche Barriere. Meine Mitarbeiter fragen sich nun automatisch zweimal selbst, ob sie das Problem nicht alleine lösen können, bevor sie sich auf den Weg in den ersten Stock machen.

Stärkenprofil der Mitarbeiter erstellen

Schon einige Monate vor dem Büroumbau haben wir bei einem Pferde-Coaching ein Stärkenprofil jedes Mitarbeiters erstellen lassen: Welche Aufgaben liegen dem Mitarbeiter, welche weniger? Auf dieser Grundlage haben wir einige Stellen verändert und umbesetzt.

Diese Strategie hat die Motivation der Mitarbeiter erhöht, nun können wir Kompetenzen effektiver nutzen. Damit ist eine gute Basis für mehr Selbstständigkeit gelegt. Denn in ihrem Expertenbereich sollen meine Mitarbeiter möglichst viele operative Aufgaben selbst verantworten, zum Beispiel, ob sie Mahnungen rausschicken sollen, eine Gutschrift vergeben oder Skonto erlassen.

Gegenfragen stellen

Kommen Mitarbeiter zu mir ins Büro und fragen mich etwas, zum Beispiel zur Kalkulation für ein Angebot, habe ich zwei Möglichkeiten: Entweder beantworte ich ihre Frage direkt und wähle einen Preis aus – oder ich stelle eine Gegenfrage. Früher habe ich meist selbst entschieden, aber heute frage ich: „Was würdest Du denn an meiner Stelle tun?" Damit gebe ich den Mitarbeitern die Chance, selbst über das Problem nachzudenken und sich mit einem erlebten Perspektivenwechsel einzubringen.

Mittlerweile kommen meine Mitarbeiter schon mit konkreten Vorschlägen zu mir ins Büro, in gut 90 Prozent der Fälle hätte ich genauso entschieden. Wenn ich etwas ändern möchte, begründe ich meine Entscheidung detailliert, sodass sie meine Gedanken nachvollziehen und das nächste Mal auch so handeln können.

Selbstdisziplin wahren

Es ist gar nicht so leicht, sich zu zwingen, bei diesem Gegenfrage-Jargon zu bleiben. Schneller wäre die Aufgabe wahrscheinlich erledigt, wenn ich anstelle von Gegenfragen wie „Was würdest Du denn tun?" einfach sagen würde: „Ach, gibt her, ich mach das schon." Das ist mir am Anfang gar nicht leichtgefallen. Es war ebenso eine Lernaufgabe für mich – ein erneutes Zeichen loszulassen und andere zur Eigeninitiative zu begleiten.

Sicherheit geben

Die meisten Mitarbeiter motiviert es sehr, eigene Entscheidungen treffen zu dürfen. Aber natürlich gibt es auch weniger risikofreudige Menschen, die nicht gerne Verantwortung übernehmen möchten. Ich möchte Sicherheit geben und niemanden mit seinen Aufgaben überfordern. Das geht am besten in dieser Reihenfolge: erklären, nachfragen, Feedback geben, loben.

Damit meine Mitarbeiter sich sicher fühlen, sage ich ihnen im Vorhinein ganz bewusst: „Du darfst die Entscheidung treffen und das Angebot kalkulieren." Diese direkte Aufforderung und viele Erklärungen sind vor allem dann wichtig, wenn die Mitarbeiter neue Aufgaben bekommen. Sonst würden sie ja in einem luftleeren Raum schweben, ohne die Konsequenzen abschätzen zu können.

Fehler zulassen

Fehler passieren jedem. „Einmal läufst du gegen die Wand, das nächste Mal gehst du außen herum", hat mein Vater mir immer gesagt. Deswegen ist mein Motto auch: „Ein Fehler darf passieren, aber kein Fehler zweimal." Man muss sich bewusst sein, dass auch Fehler passieren können, wenn Mitarbeiter selbst Entscheidungen treffen: Zum Beispiel dass ein falsch kalkuliertes Angebot an den Kunden geschickt wird. Man muss behutsam mit diesen Situationen umgehen, denn sonst wird der Mitarbeiter Angst haben, weitere Entscheidungen allein zu treffen.

Kaizen und Lean im Büro

Eine große Hilfe beim Wandel der Unternehmenskultur hin zu mehr Selbstständigkeit war ein Vortrag von Christian Elbert. Er arbeitet bei der Firma Wika, die selbst auf Eigenverantwortlichkeit setzt. Für meine Mitarbeiter war es interessant, das Thema aus der Sicht eines Angestellten erklärt zu bekommen. Außerdem wurden wir in die Philosophie von Kaizen und Lean eingeführt, die das erfolgreiche, eigenverantwortliche Arbeiten unterstützt. Die Begriffe stehen für den Wandel zu einer schlanken Unternehmenskultur, die Verschwendung auf allen Ebenen vermeidet und damit kontinuierlich Qualität, Produktivität und Lieferzuverlässigkeit verbessert.

Jeder Mitarbeiter hat sich dabei selbst hinterfragt und festgestellt, wo Optimierungsbedarf besteht. Seitdem wird dieser Prozess weitergeführt. Die Buchhaltung hat ihr Ablagesystem komplett umgestellt, jeden Donnerstag hat eine Abteilung einen Lean-Tag und räumt die eigenen Arbeitsräume auf und um. In jeder Abteilung gibt es einen Verantwortlichen für den Kaizen-Lean-Prozess. Demnächst soll es ein erstes Feedback-Treffen mit allen Mitarbeitern geben.

Als Chefin muss ich als gutes Vorbild vorangehen. Das erfordert viel Selbstdisziplin. Aber es lohnt sich, denn wenn man sein Büro regelmäßig aufräumt, kann man nicht nur produktiver arbeiten, sondern fühlt sich auch viel besser.

Die Eigenverantwortlichkeit der Mitarbeiter nimmt ständig zu. Auf einer Skala von 1 bis 10 würde ich sagen, dass wir bei 8,5 sind. Natürlich geht so etwas nicht von heute auf morgen, und Nachbessern ist erlaubt. Im Vergleich zur Zeit des Umzugs haben wir einen großen Sprung nach vorne gemacht. Ich vertraue meinen Mitarbeitern und weiß: Die meistern das!

Impulse kompakt

Eigenverantwortliches Denken und Handeln sind Grundprinzipien, die wir bereits unseren Kindern mit auf den Weg geben sollten. Unternehmertum basiert auf Eigenverantwortung – sich selbst verantwortlich zu führen bedeutet, diesen Wert auch den Mitarbeitern gegenüber praktizieren zu können.

#23

„Ich kann nicht jeden Wunsch erfüllen, ich muss auch an die Firma denken"

Der Spagat zwischen Trends und nützlicher Freiheit

Flexible Arbeitszeiten und Homeoffice sind bei vielen Mitarbeitern begehrt, können aber Abläufe im Betrieb durcheinanderbringen. An neuen Arbeitsmodellen kommt heute kein Unternehmer mehr vorbei. Gleitzeit, Teilzeit, Vertrauensarbeitszeit, tageweise im Homeoffice arbeiten oder gleich komplett remote: Die Möglichkeiten sind endlos und bringen gleichzeitig ein Umdenken mit.

Für mich als Unternehmerin sind die neuen Vorstellungen von Arbeitszeiten und die flexiblen Modelle hinter Vakanzen ein Spagat. Einerseits möchte ich die Wünsche meiner Mitarbeiter gern erfüllen. Nicht nur damit sie motiviert arbeiten und meiner Firma treu bleiben: Meine Leute liegen mir am Herzen und ich möchte, dass sie Arbeit und Privatleben möglichst stressfrei unter einen Hut bringen. Dennoch muss ich immer abwägen zwischen Mitarbeiterwünschen und dem, was gut für die Firma ist. Und das ist manchmal gar nicht so einfach. Im Laufe der Zeit haben sich für mich vier Prinzipien herauskristallisiert, die mir als Kompass für die neue Arbeitswelt dienen:

1. Ich probiere aus, was funktioniert

Wenn es um Arbeitszeit und Arbeitsort geht, bin ich offen für Experimente. Wir haben beispielsweise mal ausprobiert, dass ein Teil des Teams um 7.30 Uhr mit der Arbeit beginnt und der andere Teil erst um 8.30 Uhr. Allerdings haben wir schnell den Überblick darüber verloren, wer wann da ist. Und als mal ein Mitarbeiter krank war und ein anderer im Urlaub, saß plötzlich einer morgens um 7.30 Uhr alleine da. Da war uns klar: Das geht nicht. Denn wenn in so einer Situation etliche Kunden auf Antwort von uns warten, bricht der Stress aus.

Wir haben den Test dann gestoppt – und eine andere Lösung gefunden: Wer will, kann statt einer Stunde Mittagspause nur eine halbe Stunde machen und dafür freitags früher gehen. Das läuft sehr viel besser.

Ein anderes Beispiel: Mein Vertriebsleiter wollte gern tageweise im Homeoffice arbeiten. Das hat aber nicht wirklich funktioniert. Wir haben festgestellt: Für uns ist wichtig, dass er vor Ort für das Team ansprechbar ist, wenn sich Fragen ergeben oder Entscheidungen zu treffen sind. Wir sind nun dabei, eine andere Lösung zu finden, mit der alle Beteiligten gut leben können.

Bei solchen Experimenten ist für mich besonders wichtig, dass wir als Team ehrlich zueinander sind. Wenn wir etwas ausprobieren und merken, es funktioniert nicht, muss es möglich sein zu sagen: „Leute, so können wir das nicht dauerhaft machen, das ist nicht gut für die Firma, für unser Miteinander."

2. Ich achte auf Gerechtigkeit

Wir beginnen morgens um 7.30 Uhr mit der Arbeit und ich weiß natürlich, dass manche Mitarbeiter gern länger schlafen würden – es gibt ja „Lerchen" und „Eulen". Aber ich kann nun mal nicht jeden Wunsch erfüllen, ich muss auch an die Firma denken. Unsere Industriekunden arbeiten zum Teil in Frühschicht und fangen frühmorgens an. Danach müssen wir uns natürlich richten.

Nun könnte man drüber nachdenken, dass diejenigen, die nicht ständig Kundenkontakt haben, flexibler kommen und gehen können. Aber das möchte ich nicht – hier geht es mir um Gerechtigkeit. Ich fände es einfach unfair, wenn einige Mitarbeiter ihre Arbeitszeiten organisieren können, wie sie wollen, während ihre Kollegen zum Beispiel morgens um 7.30 Uhr unser Ladengeschäft aufschließen müssen.

3. Ich beziehe das Team mit ein

Keine Regel ohne Ausnahme: Einige meiner Mitarbeiter müssen morgens ihre Kinder zur Kita bringen. Mit denen habe ich individuell einen späteren Arbeitsbeginn vereinbart.

Genauso beim Thema Homeoffice: Einer meiner Innendienstler wohnt in Koblenz, also 156 Kilometer entfernt von meiner Firma, die ja in Aschaffenburg ist. Der arbeitet seit Kurzem vier Tage von zu Hause aus. Die Telefonanlage ist so geschaltet, dass sie die Gespräche automatisch nach Koblenz weiterleitet.

Solche Sonderlösungen sind schlicht vernünftig. Es gibt nun mal auch ein Leben außerhalb der Arbeit. Dennoch ist es mir wichtig, dass die betroffenen Kollegen es mittragen, wenn ich mit einem Mitarbeiter so eine individuelle Regelung vereinbare. Daher beziehe ich das Team immer in die Entscheidung mit ein. Bisher haben wir immer eine gute Lösung gefunden – und darüber freue ich mich. Es zeigt mir, dass in meiner Firma mitdenkende und mitfühlende Menschen arbeiten.

4. Ich bin bei Notlagen flexibel

„Kann ich morgen von zuhause aus arbeiten?" Diese Frage stellen mir meine Mitarbeiter immer mal wieder: Weil der Heizungsableser kommt, die Kita kurzfristig schließt, ein Kind krank ist. In solchen Fällen stimme ich meistens zu – es sei denn, jemand hat direkt mit Kunden zu tun oder braucht Unterlagen in Papierform, die in der Firma bleiben müssen.

Wenn der Mitarbeiter die ganze Zeit grübelt, wer am nächsten Tag sein Kind betreuen könnte, blockiert ihn das gedanklich. Und ich finde auch, dass man diese Flexibilität als Arbeitgeber heute einfach bieten muss. Dasselbe gilt, wenn ein Mitarbeiter mal eine Stunde später anfangen oder früher gehen will, weil er zum Arzt muss.

Allerdings halte ich mich bei solchen Entscheidungen an den Grundsatz: „Wer was in die Waagschale reinlegt, der darf auch gern wieder was rausnehmen." Wenn jemand jeden Tag zu spät käme und dann noch früher gehen wollte, würde ich demjenigen vermutlich nicht so sehr entgegenkommen.

Impulse kompakt

Wie handhaben Sie es mit flexiblen Arbeitszeiten und Homeoffice? Das Thema ist ja gerade nach dem Urteil des EuGH zur Arbeitszeiterfassung sehr aktuell.

#24

Feedbackgespräche als Ausdruck von Wachstum

„Ich lasse mich von meinen Mitarbeitern bewerten"

Wachstum, Verbesserung und Veränderung: Jedes Jahr im ersten Quartal des Jahres stehen sie bei uns an – Feedbackgespräche! Für mich als Chefin heißt das: Ich spreche mit jedem meiner 24 Mitarbeiter, vom Lagerazubi bis zur Buchhalterin. So ein Termin dauert in der Regel ein bis zwei Stunden; dazu kommt die Vorbereitung. Alles in allem nehmen die Gespräche eine ganze Arbeitswoche in Anspruch. Aber die Zeit nehme ich mir gern.

Vom Gespräch auf dem Flur zum Feedbackbogen

Als ich die Firma 2002 übernommen habe, gab es keine Feedbackgespräche. Ich hatte damals nur neun Mitarbeiter, da hat man sich ohnehin ständig ausgetauscht. Als die Firma langsam größer wurde, merkte ich: Wir sollten für diesen Austausch einen Rahmen schaffen.

Bei den ersten Feedbackgesprächen haben wir uns einfach frei unterhalten. Aber ich wurde das Gefühl nicht los, dass die Gespräche mit mehr Struktur noch mehr bringen würden. Also habe mir Fragebögen anderer Unternehmen angeschaut und daraus meinen eigenen Feedbackbogen zusammengebastelt.

Er enthält diese Themen:

Arbeitsverhalten: Hier geht es etwa darum, wie viel Eigeninitiative jemand zeigt oder wie kostenbewusst der Mitarbeiter ist, ob er sich bemüht, sich weiterzubilden, und ob seine eigenen Ziele mit den Unternehmenszielen im Einklang sind.

Verhalten gegenüber Kollegen: Dazu zählen Fragen wie: Gibt der Mitarbeiter Informationen weiter? Bleibt er in Konflikten sachlich oder braust er schnell auf? Wie hilfsbereit ist er und wie tolerant? Persönliches Auftreten: Hier stehen Selbstbewusstsein und Ausdrucksweise des Mitarbeiters im Fokus.

Jeder Mitarbeiter bewertet sich selbst

Den Feedbackbogen schicke ich jedem Mitarbeiter per E-Mail – mit der Bitte, sich vor dem Gespräch selbst zu bewerten. Parallel fülle ich den Bogen selbst aus. In der Regel kriege ich von jedem meiner Leute genug mit, um das tun zu können – wenn nicht, frage ich Kollegen. Bei den Azubis bitte ich beispielsweise die Azubipaten um ihre Einschätzung. Außerdem notiere ich Ereignisse oder Erfolge, die in meine Bewertung eingeflossen sind.

Im Gespräch gleichen wir unsere Bewertungen dann ab. Interessant wird es immer, wenn meine Einschätzung und die des Mitarbeiters stark voneinander abweichen. Darüber müssen wir natürlich reden: „Ich habe dir eine 3 gegeben, du hast dir eine 1 gegeben – wie begründest du das?" Manchmal sehen sich Mitarbeiter auch viel kritischer als ich. Dann ist es gut für sie zu hören, dass ich mit ihrer Arbeit zufrieden bin. Aber egal ob wir uns einig sind oder nicht: Die Bewertungen auf dem Bogen sind immer der Ausgangspunkt für einen Dialog über die Leistungen.

Zum Abschluss werfen wir einen Blick auf den Feedbackbogen vom letzten Jahr: Welche Ziele haben der Mitarbeiter und ich für ihn vereinbart? Und hat er diese Ziele erreicht? Dann setzen wir nach der SMART-Methode neue Ziele.

Betriebsklima: 8 von 10

Ich bitte außerdem jeden meiner Angestellten, die Stimmung einzuschätzen – seine persönliche Stimmung und die in der Firma. 10 ist himmelhochjauchzend, 1 zum Weglaufen. Diesmal haben meine Leute fürs Betriebsklima im Schnitt eine 8 vergeben, so gut wie nie. Als ich die Frage zum ersten Mal gestellt habe, lag der Wert bei 4 bis 5 – und ich bin überzeugt: Die Ergebnisse und Verbesserungen aus den Mitarbeitergesprächen haben dazu beigetragen, dass die Stimmung über die Zeit so viel besser geworden ist.

Was halten meine Mitarbeiter von mir als Chefin?

Seit drei Jahren bewerten meine Mitarbeiter im Feedbackbogen auch mich als Führungskraft. Das ist mir total wichtig, schließlich will ich mich weiterentwickeln. Sie schätzen unter anderem meine Führungskompetenz und mein Einfühlungsvermögen ein. Bin ich zuverlässig? Kritisiere ich, ohne zu verletzen?

Insgesamt war dieses Feedback sehr positiv – und darüber freue ich mich wahnsinnig. Nur zwei Kritikpunkte tauchten in den Gesprächen öfter auf:

Guten Morgen!

Ich bin jeden Morgen um 7 Uhr in der Firma, meine Mitarbeiter fangen ab 7.30 Uhr an. Ich bin also schon mitten im Arbeitsprozess, wenn alle eintrudeln. Und weil mein Büro im ersten Stock ist, sehe ich einige meiner Leute an manchen Tagen erst mittags. Ich habe nun aber von einigen Mitarbeitern das Feedback bekommen, dass sie ein persönliches „Guten Morgen" vermissen – so wie früher, als die Firma noch kleiner war.

Ich nehme diesen Hinweis sehr ernst; der persönliche Kontakt hat für mich sehr viel mit Wertschätzung zu tun. Deshalb versuche ich mir nun morgens immer Zeit für eine Runde durch den Betrieb zu nehmen. Gleichzeitig sage ich aber auch ganz klar: „Manchmal ist mein Kalender so voll, dass ich das einfach nicht schaffe." Nach meiner Erfahrung hilft so eine Erklärung schon, mich besser zu verstehen – und sich weniger zu ärgern.

Bin ich gestresst?

Einige Mitarbeiter haben mir gesagt, dass ich manchmal ziemlich gestresst wirke. Das hat mich echt überrascht. Denn nachdem ich im letzten Frühjahr mit einem Motivationsloch zu kämpfen hatte, habe ich mir ganz bewusst Auszeiten genommen – und fühle mich gar nicht gestresst.

Ich habe mich daher gefragt: Woran liegt das, dass ich so rüberkomme? Vielleicht daran, dass ich als Produktivitätsjunkie versuche, offene Fragen möglichst schnell und effizient zu klären? Wirkt das vielleicht kurz angebunden?

Impulse kompakt

Mein guter Vorsatz lautet jetzt: Ich will mir mehr Zeit nehmen, wenn Mitarbeiter Fragen haben, besser zuhören, nachfragen, ob auch wirklich alles gesagt ist, und nicht drängeln. Außerdem habe ich wieder ein Schweige-Seminar gebucht. Das hilft mir hoffentlich, mich noch ruhiger und gelassener auf die Anliegen anderer einzulassen. Ob mir das gelingt? Das zeigt sich spätestens am Feedback meiner Mitarbeiter im nächsten Jahr.

#25

Smarte Ziele statt guter Vorsätze
Umsetzung kann einfach sein!

Wenn das Schiff kein Ziel hat, braucht man sich auch nicht zu wundern, dass es nie ankommt. Erinnern Sie sich noch an Ihre guten Vorsätze, die Sie bei der Silvesterfeier im letzten Jahr so fest in den Blick gefasst haben? Und falls ja: Haben Sie sie auch erreicht?

Gute Vorsätze haben oft eine Tücke: Man formuliert sie unkonkret.

„Ich möchte abnehmen."
„Ich möchte mehr Sport treiben."
„Ich will endlich früher aus dem Büro kommen."
Aber was heißt das schon? Wer statt 20 Uhr um 19.45 Uhr den Büroschlüssel umdreht, hat schließlich auch früher Feierabend gemacht.

Das Problem der unkonkreten Vorsätze und Ziele gilt nicht nur fürs Privatleben, sondern auch für Unternehmen. In unserem Werkzeughandel folgen wir daher bei der Zielsetzung einer uralten Regel: Wir stecken uns unsere Ziele SMART.

So funktioniert die SMART-Methode

1. S wie spezifisch: Alle Ziele müssen so genau wie möglich formuliert werden.

2. M wie messbar: Ziele wie „interne Kommunikation verbessern" machen nur Sinn, wenn man weiß, wie man diese Verbesserung misst. Daher ist es wichtig, kontrollierbare Vorgaben zu machen. Eine Verbesserung der internen Kommunikation lässt sich zum Beispiel an der Häufigkeit von Mitarbeitergesprächen oder von Teammeetings festmachen.

3. A wie attraktiv oder akzeptabel: Ziele, die bei einem selbst oder den Mitarbeitern auf eine innere Abwehr stoßen, sind schwer zu erreichen. Ziele sollten daher so formuliert werden, dass man am liebsten gleich loslegen würde.

4. R wie realistisch: „2015 wollen wir unseren Umsatz verdreifachen!" Ehrgeiz ist wichtig, aber wer völlig illusorische Ziele steckt, der frustriert sich und sein Team.

5. T wie terminiert: Wer sich keinen Zeitrahmen setzt, schiebt Ziele ewig vor sich her. Wenn man aber sieht, dass die Deadline näher rückt und man womöglich ein Ziel verfehlt, wenn man nicht endlich Gas gibt, dann ist das eine Motivationsspritze.

6. E wie Erfolgskontrolle: Wer seine Ziele nicht überprüft, wird nie Klarheit darüber haben, was er erreicht hat, was nicht und wo die Probleme lagen. Ohne eine konsequente Erfolgskontrolle macht es überhaupt keinen Sinn, sich Ziele zu setzen.

Ziele SMART formulieren und dann dem Team vorstellen

Früher habe ich meine Ziele häufig nicht messbar formuliert, das war frustrierend. Heute erreiche ich 90 bis 95 Prozent der unternehmerischen Ziele, die ich mir stecke. Sie aufzuschreiben hilft mir dabei, sie nicht aus den Augen zu verlieren.

Damit das Team noch besser mitzieht, habe ich etwas Neues probiert: Bei unserer Jahresendbesprechung habe ich nicht nur auf unsere schönen Erfolge im letzten Jahr zurückgeschaut, sondern auch allen Mitarbeitern unsere Ziele für das kommende Jahr erläutert. Ich finde es wichtig, dass das Team versteht, warum wir gewisse Sachen machen. Und durch die Zielvorgaben erhält der Einzelne auch mehr Freiheit bei den kleinen, operativen Entscheidungen: Ich gebe zwar das Ziel vor, aber wie wir es erreichen, können die Leute selbst entscheiden. Das ist gut angekommen.

Dass nun alle im Team Bescheid wissen, verbessert bei mir auch die Selbstdisziplin. Schließlich will ich bei der nächsten Besprechung gerne verkünden, dass wir alle Ziele erreicht haben!

SMARTe Ziele in der Praxis

Seit einiger Zeit haben wir jedes Jahr 30 Ziele. Diese können in Marken-, Umsatz- und Qualitätsziele sowie Mitarbeiterweiterentwicklung unterteilt werden. Sie lauteten zum Beispiel: „Alle Vorgänge des Kunden sollen innerhalb von 24 Stunden bearbeitet werden" oder „Es soll nächstes Jahr 20 Mitarbeiterschulungen geben".

Unter den 30 Zielen gibt es drei Überziele. Und nur diese drei Ziele werden auch an die Mitarbeiter kommuniziert, sonst ist es einfach zu viel und dauert zu lange. Welche Ziele das für das kommende Jahr sein werden, steht noch nicht fest. Denn ich werde sie erst in diesem Monat in Gesprächen mit den Mitarbeitern festlegen. Wir werden auch aktuell etwas Neues austesten: die Ziele neu aufteilen in Teamziele. So arbeitet ein ganzes Team an einem Ziel und nicht nur einer ist in der Verantwortung.

Mitarbeitergespräch als Erfolgsfaktor

Meine Erfahrung ist: Man muss sich für die Zielformulierung Zeit nehmen und darf sie nicht während des Tagesgeschäftes machen. Ich mache mir eine langfristige Zielplanung: Wo will ich in zwei Jahren stehen? Wo in fünf? Und wie kann ich die Ziele in einzelne kleine Schritte unterteilen?

Auch für die Zielanalyse mit meinen Mitarbeitern nehme ich mir viel Zeit. Wie ist das derzeitige Jahr verlaufen? Welche Probleme und Erfolge gab es bei ihren Schwerpunktthemen – zum Beispiel Digitalisierung oder Akquise? Welche Teilerfolge können wir feiern, wenn das große Ganze noch nicht umgesetzt werden konnte?

Ich finde, dass man sich nicht einfach neue Ziele setzen kann, sondern man muss die bestehenden ehrlich und konsequent analysieren. Das kann ich nicht alleine, sondern nur mit meinen Mitarbeitern. Bei jedem Gespräch werden auch die drei persönlichen Ziele des Mitarbeiters festgesetzt und überlegt, was er benötigt, um diese umzusetzen. Das kann vieles sein, zum Beispiel eine Schulung oder mehr Freizeit.

Wichtig ist mir, dass die Ziele gemeinsam festgesetzt werden. Ich möchte den Mitarbeiter für das Unternehmen und die Vision begeistern, langfristig. Er soll den Sinn hinter den Zielen verstehen und wissen, dass wir zusammen dafür einstehen.

SMARTe Ziele

Warum mir das so wichtig ist? Ich möchte nicht nur Ziele mit konkreten Verhaltensregeln aufstellen wie „Du musst zehn potenzielle Kunden mehr am Tag anrufen oder im Jahr den Umsatz um 300 Prozent steigern". Ich möchte sie für das langfristige

Ziel „Wir wollen das beste Unternehmen der Branche werden, Benchmark für andere Händler sein und glückliche Kunden haben" begeistern.

Impulse kompakt

Meine privaten Ziele schreibe ich übrigens immer handschriftlich auf. Eines für das kommende Jahr lautet: Ich gehe in ein Schweigekloster, um mich gezielt der Hektik des Alltags, der ständigen Erreichbarkeit und der Abhängigkeit vom Internet zu entziehen. Es ist ein Selbstexperiment. Ich bin gespannt, wie es ausgeht – und werde sicher darüber berichten.

#26

Betriebliches Gesundheitsmanagement – was ich für die Gesundheit meiner Mitarbeiter tue

Von gesunden Mitarbeitern profitieren alle

Betriebliches Gesundheitsmanagement ist nicht nur etwas für große Firmen. Bei frischem Obst ist für mich noch lange nicht Schluss – ich sorge auf zahlreichen Ebenen dafür, dass meine Mitarbeiter gesund bleiben. Für viele ist das angebliche Gesundheitsmanagement eigentlich nur ein Lockmittel und eine Art Augenwischerei. Doch warum nutzt man Vorsorge nicht, um wirklich gemeinsam mehr zu erreichen?

Kein Unternehmer kann verhindern, dass die eigenen Mitarbeiter krank werden – auch ich nicht. Jährlich rollt die Grippewelle durch die Firma, da fallen einige auch mal zwei Wochen oder länger aus. Das lässt sich nicht ändern. Aber wenn ich etwas dafür tun kann, dass meine Leute fit und gesund bleiben, dann will ich das tun. Dass es bei uns Obst und Mineralwasser kostenlos gibt, außerdem noch Kaffee und Tee, das ist für mich selbstverständlich. Ebenso, dass wir in den Mitarbeitergesprächen darüber reden, wie wichtig es ist, achtsam mit sich selber zu sein.

500 Euro Gesundheitsgeld im Jahr

Ich gehe aber noch einen Schritt weiter: Bei uns kann jeder Mitarbeiter 500 Euro Gesundheitsgeld nutzen. Er kann dieses Geld zum Beispiel nutzen, um zur Ernährungsberatung zu gehen, zum Rückenkurs oder zum Rauchstopp-Coaching. Natürlich brauche ich eine Rechnung als Nachweis über die Leistung, dann übernehme ich die Kosten. Leider nehmen nur sehr wenige diese Leistung in Anspruch, eigentlich schade! Aber als Arbeitgeberin kann ich nun mal keinen dazu zwingen, gesund zu leben, Wasser zu trinken und Obst zu essen. Ich kann nur ein Angebot schaffen.

Mein Plan: ein Fitnessraum – und eine Hausbibliothek

Manche unserer Angebote fürs betriebliche Gesundheitsmanagement sind nicht ganz uneigennützig. Ich mache zum Beispiel selbst viel zu wenig Sport, daher habe ich mir überlegt: Wenn gleich nach Feierabend ein Fitnesstrainer in die Firma kommen würde und ein paar Leute mitmachen, raffe ich mich auch eher auf, etwas zu tun.

Deshalb will ich jetzt in der Firma einen großen Schulungsraum einrichten, den wir abends zum Fitnessraum für Zumba, Yoga oder Step Aerobic umfunktionieren können. Wir bauen nämlich um: Meine Eltern haben bisher im Firmengebäude gewohnt, ziehen aber jetzt aus – dadurch haben wir hundert Quadratmeter mehr. Bis Ende des Jahres wollen wir fertig sein mit dem Umbau.

Ich habe schon etliche Ideen, wie wir den zusätzlichen Platz nutzen können: zum Beispiel für einen neuen Pausenraum im Bistro-Stil, in dem man auch mal in entspannter Atmosphäre Besprechungen machen kann. Die Dachterrasse will ich mit Loungemöbeln ausrüsten und mit einem Gasgrill. Einen schönen Platz soll endlich auch unsere Hausbibliothek bekommen: Das ist ein großes Bücherregal, in das jeder im Unternehmen seine ausgelesenen Bücher reinstellen und dafür andere mitnehmen kann.

Tiefenentspannt auf dem Massagesessel

Außerdem will ich einen Entspannungsraum mit schöner Fototapete einrichten: Etwas zum Träumen, vielleicht ein Strand mit Palmen. In den Entspannungsraum will ich dann auch unsere neueste Anschaffung reinstellen: den Entspannungssessel „Brainlight".

Der Sessel funktioniert so – meine Ansage an die Mitarbeiter: Du suchst dir ein Programm aus, zum Beispiel „In 15 Minuten fit und munter" oder „In 15 Minuten entspannt und ruhig", setzt eine blickdichte Brille auf und Kopfhörer. Dann fährt der Sessel in die Liegeposition, massiert dich am ganzen Körper und das Programm läuft ab. Du machst die Augen zu und siehst durch die geschlossenen Lider bunte Lichtstimuli, so als hättest du zu lange in die Sonne geguckt. Dazu hörst du über die Kopfhörer positive Zitate und Entspannungsmusik.

Mittelfristig sollen die Programme helfen, die linke und die rechte Gehirnhälfte besser zu vernetzen und die Konzentrations- und die Merkfähigkeit zu erhöhen, verspricht der Hersteller. Ob da wirklich was dran ist, weiß ich nicht, aber ich habe einen Stuhl des Herstellers vor Jahren mal im Urlaub ausprobiert und konnte damit richtig schnell entspannen.

Zum Glück „gezwungen"

Vor einer Weile gab es für unser Unternehmen Werkzeug Weber die Möglichkeit, bei einer Studie mitzumachen: Eine Krankenkasse stellte uns das Gerät sechs Monate kostenlos zur Verfügung. Jeder Mitarbeiter musste mindestens einmal pro Woche für 20 Minuten auf den Sessel gehen. Meine Leute haben dafür zehn Minuten von ihrer Pause geopfert, die anderen zehn Minuten habe ich gesponsert. Am Anfang und am Ende der Studie gab es eine Befragung. Das Ergebnis: Nach den sechs Monaten waren unsere Mitarbeiter entspannter, zwar nicht weltbewegend, aber eine positive Veränderung war zu merken.

Als die Studie im Dezember zu Ende war, habe ich die Mitarbeiter selbst entscheiden lassen, ob wir so einen Sessel anschaffen wollen – der kostet immerhin um die 6.000 Euro. Das Ergebnis war positiv, daher haben wir jetzt unseren eigenen Entspannungssessel. Es ist übrigens schon öfter passiert, dass einer meiner Leute in der Pause auf dem Sessel eingeschlafen ist. Dann fragen die Kollegen: „Wo ist der denn, der kommt gar nicht wieder?" Ich sehe das als gutes Zeichen: Mit dem Entspannungsprogramm kommt man wirklich runter.

Meine sechs Tipps für mehr Gesundheit im Betrieb:

Verschiedene Angebote machen: Nicht jeder hat Lust auf Yoga, nicht jeder braucht eine Ernährungsberatung. Deshalb kann jeder meiner Mitarbeiter das Gesundheitsgeld so einsetzen, dass er davon profitiert.

Mitarbeiter mitentscheiden lassen: Das beste Angebot bringt nichts, wenn es nicht genutzt wird. Daher habe ich die Mitarbeiter befragt, bevor ich den Entspannungssessel gekauft habe.

Vorbild sein: Ich habe mir vorgenommen, den Sessel mindestens einmal pro Woche zu nutzen und auch regelmäßig zum Fitnesstraining zu gehen. Das motiviert meine

Leute hoffentlich, die Angebote ebenfalls zu nutzen.

Sensibilisieren: Verhaltensänderungen hin zum gesünderen Leben fallen anfangs schwer. Daher spreche ich mit meinen Mitarbeitern regelmäßig über das Thema Gesundheit und ermutige sie, gut auf sich zu achten.

Wohlfühlumgebung schaffen: Stress macht krank! Ich bin ganz sicher: Mitarbeiter sind weniger gestresst und arbeiten besser, wenn sie sich an ihrem Arbeitsplatz wohlfühlen. Deshalb versuche ich, mit Angeboten wie einer Grillecke oder Büchertausch, aber auch einer wohnlichen Einrichtung für eine angenehme Atmosphäre im Unternehmen zu sorgen.

Freiräume öffnen: Ich bin überzeugt, dass eine gute Pausenkultur wichtig ist. Wer sagt: „Ich brauch' mal zehn Minuten Pause, mir qualmt der Kopf", muss bei uns nicht bis zum Feierabend warten, sondern kann sich ganz unbürokratisch eine Mini-Auszeit nehmen.

Impulse kompakt

Die Gesundheit im Betrieb steigert nicht nur den Ertrag. Sie fördert ebenso die mentale Gesundheit der Mitarbeiter und sorgt dafür, dass mit Zufriedenheit auch Tatendrang und Lust auf die täglichen Herausforderungen entstehen.

#27

Warum ich gleich fünf Azubis ausbilde
Mit Weitsicht vorbeugen

Teure Profis einstellen oder Azubis ausbilden? Ich habe natürlich beides ausprobiert, um freie Stellen nachzubesetzen. Und viel Lehrgeld war im Spiel. Klar, Qualität kostet – wer gute Mitarbeiter haben und halten möchte, muss investieren. Wie viel Geld ich investiere und wie ich eine freie Stelle im Betrieb nachbesetze – diese Frage stellt sich mir immer wieder.

Vor einiger Zeit ist ein Mitarbeiter aus dem Vertrieb in Rente gegangen. Wir wussten, dass es nicht leicht werden würde, so einen eingearbeiteten Profi zu ersetzen, der unser Unternehmen und die Produkte kennt wie seine Westentasche. Deshalb haben wir drei Jahre vor der Pensionierung angefangen, eine Nachbesetzung zu suchen. Was wir nicht wussten: Das war der Beginn einer kleinen Odyssee, die mit einer klaren Neuorientierung in der Personalpolitik des Betriebes endete.

Er präsentierte sich als Held – und verkaufte keinen einzigen Schraubenzieher

Als erstes führten wir Gespräche mit externen Außendienstlern. Die Auswahl war nicht groß, wir suchten händeringend und ein Bewerber verlangte ein horrendes Gehalt. Gleichzeitig zeigte er eine riesige Kundenliste aus der für uns relevanten Region vor. Ich war mir in meiner Entscheidung für eine Zusammenarbeit nicht hundertprozentig sicher, aber ich habe ihm Glauben geschenkt und gedacht: „Ich muss jetzt mal in einen fertigen Mitarbeiter investieren."

Doch es sollte anders kommen. Der Vertriebler hatte sich bei uns zwar als Held vom Erdbeerfeld präsentiert, aber dann in drei Monaten keinen einzigen Schraubenzieher verkauft. Das ging natürlich gar nicht! Kurz darauf haben wir uns getrennt. Auch mit dem zweiten Vertriebler hatten wir kein Glück: Er erkrankte leider schwer und musste aufhören. Bei der dritten Besetzung ging dann wirklich alles schief: Der Mitarbeiter gab die Waren beim Kunden ab, kassierte bar, sagte uns nichts und steckte das Geld ein. Nach zwei Monaten kamen diese strategischen Diebstähle ans Licht. Sehr enttäuschend.

Danach versuchten wir es mit einem anderen Vertriebler, der aus der Industrie kam und zuvor nur ein spezielles Produkt verkauft hatte – aber es zeigte sich schnell, dass er mit dem Handel und unseren Tausenden Produkten im Sortiment überfordert war. Wir haben also viel Lehrgeld bezahlt – in Form hoher Gehälter und durch die Diebstähle sowie die Einarbeitung von „Profis", die nicht lange blieben. Ganz ehrlich, ich hatte die Nase voll von der Suche.

Meine neue Strategie, um Stellen nachzubesetzen

Das hat mich zu einer Kehrtwende beim Personal gebracht: Wir brauchen nicht mehr externe Mitarbeiter, sondern Mitarbeiter, die wissen, wie unser Unternehmen tickt, und die unsere Produkte gut kennen. Also: weniger teure Profis, dafür mehr Azubis im Unternehmen, die im Haus intensiv eingearbeitet werden und langfristig bleiben. Diese Entscheidung fiel vor zwei Jahren. Mittlerweile haben wir fünf Azubis – das ist recht viel für einen Betrieb mit 24 Mitarbeitern. Jeder Azubi durchläuft natürlich alle Abteilungen des Unternehmens, aber jeder hat auch einen Schwerpunkt, der seinen Interessen und Stärken entspricht – sei es E-Commerce, Verkauf, Buchhaltung oder Lagerlogistik. In diesen Schwerpunktabteilungen bilden wir unsere Azubis über längere Zeit intensiv aus, sie bekommen spezielle Coachings und Praxiserfahrungen.

Unser Patenprogramm für Azubis

All das funktioniert natürlich nur mit intensiver Betreuung. Dafür haben wir ein Patenprogramm aufgebaut. Jeder Azubi hat einen Paten als direkten Ansprechpartner – für Probleme und fachliche Fragen. Durch die Paten bin ich als Ausbildungsleiterin gut informiert. Das wäre ich sonst wahrscheinlich nicht – denn wer möchte als Azubi wegen einer kleinen Frage gleich zum Chef laufen…

Das System funktioniert gut, wir haben motivierte Azubis. Wahrscheinlich trägt auch ihre gute Perspektive im Unternehmen dazu bei: Sie sollen ganz konkrete Stellen von bereits pensionierten Kollegen übernehmen oder von Mitarbeitern, die später mal in

Rente gehen. Zum Beispiel ist geplant, dass einer unserer Azubis mit dem Schwerpunkt Akquise der Nachfolger des bereits pensionierten Vertrieblers wird.

Ich versuche, jungen Menschen Perspektiven zu bieten

Seit zwei Jahren ist diese Stelle schon auf die anderen Vertriebler verteilt. Das war übrigens kein großes Problem, denn als die Stelle ständig umbesetzt wurde, blieb die meiste Arbeit ohnehin an den anderen hängen. Nun arbeiten sie dem Azubi zu und wissen, dass in einem Jahr jemand da sein wird, der das Unternehmen, seine DNA und die Produkte kennt.

Es kommt aber nicht nur aufs Geld an, das man in Gehälter und Ausbildung investiert. Es heißt ja, wer mit Peanuts bezahlt, muss mit Affen arbeiten. Jeder soll ein gutes, angemessenes Gehalt erhalten. Stellen, für die ich Spezialisten brauche, muss ich auch mit Spezialisten nachbesetzen – zum Beispiel die Buchhalterin. Aber bei anderen Abteilungen geht es auch etwas flexibler – ich versuche einen guten Mittelweg zu finden. Auf jeden Fall habe ich gelernt, mithilfe einer langfristigen Planung Stellen intern nachzubesetzen.

Impulse kompakt

Planen Sie Ihre Unternehmung mit Weitblick und dem Mut, auch etwas zu riskieren. Das Investment in zufriedene Mitarbeiter, die sich langfristig mit Ihrer Firma identifizieren, zahlt sich mehr als aus!

#28

Eine Ode an den Fehler
Wie herrlich perfekt „unperfekt" sein kann!

„Wenn Sie auffallen wollen, tun Sie sich selbst einen Gefallen und hören Sie auf, der Perfektion nachzurennen", schreibt Erik Kessels in seinem Buch „Fast Pefrekt". Warum er recht hat: Wir alle machen Fehler. Wissen wir, klar. Wir wissen auch, wie wichtig es ist, eine positive Fehlerkultur im Unternehmen zu etablieren. Wir wissen sogar, dass Missgeschicke und Zufälle immer wieder zu Produkten geführt haben, die Firmen heute Milliardenumsätze bescheren.

Und doch: Fehler, große wie kleine, gelten den meisten Menschen als Makel. Erik Kessels sieht das anders: In seinem Buch „Fast Pefrekt" feiert er Fehlversuche, Irrtümer, Niederlagen, Missgeschicke, kleine Pannen und große Debakel. Sein Buch handele davon, „das Sichere, Erwartbare abzulehnen zugunsten des Aufregenden, Unbekannten", schreibt Kessels, selbst Gründer und Kreativdirektor der internationalen Werbeagentur KesselsKramer.

Für Perfektion hat Kessels nichts übrig. Er zeigt lieber unschraubbare Schrauben, verirrte Fotografenfinger, schwebende Hunde und einen Balkon ohne Tür. „Fast Pefrekt" enthält hundert farbige Fotos, darunter Werke internationaler Künstler und Fotografen, aber auch Schnappschüsse von Amateuren. Ergänzt werden sie durch Zitate und essayistische Texte mit Titeln wie „Ihre Fehler könnten die Welt verändern", „Die Tyrannei der Perfektion" oder ganz einfach „Seien Sie ein Versager". „Fast Pefrekt" ist eine Ode an den Fehler. Ein Buch, das die Leser ermutigt, Regeln zu brechen. Etwas zu wagen. Zu scheitern – und es nicht zu bedauern.

Seien Sie ein Versager!

Wie oft haben Sie schon den hirnlosen Appell gehört, um Großes zu leisten müsse man „110 Prozent geben"? Unser mathematisches Lieblingsparadoxon impliziert, dass Vollkommenheit entsteht, wenn wir jedes Fünkchen der eigenen Energie in ein Projekt stecken.

Dummes Zeug. Wenn Sie auffallen wollen, tun Sie sich selbst einen Gefallen und hören Sie auf, der Perfektion nachzurennen – denn das ist genau das, was alle anderen auch tun. Streben Sie stattdessen Unvollkommenheit an. Etwas Unerwartetes, Überraschendes ist weitaus einprägsamer als etwas Perfektes.

Erklären Sie Ihren Instinkten den Krieg und zelebrieren Sie die potenzielle Schönheit unnötiger Fehler. Versuchen Sie, etwas nahezu Perfektes zu erschaffen. Das schönste Bild, das Sie je gemalt haben. Ein atemberaubendes Blumenarrangement. Das perfekte Soufflé.

Und genau dann, wenn Sie das Gefühl haben, Sie sind fast fertig, lassen Sie los. Lassen Sie das Soufflé zusammenfallen. Überlassen Sie es dem Nachbarskind, dem Blumenarrangement den letzten Schliff zu geben. Vollenden Sie das Bild mit Augenbinde. Vielleicht kommt etwas vollkommen Unbrauchbares dabei heraus. Vielleicht finden Sie aber auch Ordnung in der Unordnung. Eine verblüffende Abstraktion. Ein nie gekanntes sinnliches Erlebnis. Tatsächlich könnten Sie jene unvollkommene Vollkommenheit entdecken, die im geplanten Ungeplanten und im erwarteten Unerwarteten steckt.

Impulse kompakt

„Mein größter Fehler: Bekenntnisse erfolgreicher Unternehmer"
Von Obi-Gründer Manfred Maus bis Drogerie-König Dirk Roßmann: 100 erfolgreiche Unternehmer erzählen von ihren größten Fehlern. Der Bestseller in erweiterter Neuausgabe – jetzt bestellen!
Hinweis:
Einen Auszug des Textes – Erik Kessels' Plädoyer „Seien Sie ein Versager" – haben wir dem Buch „Fast Pefrekt" mit freundlicher Genehmigung des Dumont Verlags entnommen.

#29

Was bringt mir neue Impulse?
Auf der Suche nach Inspiration

Ob Weiterbildung mit Coach, Mentor oder Branchenexperten: Als Unternehmerin suche ich ständig neue Impulse für meine Mitarbeiter und mich. Die Praxis steht bei mir im Mittelpunkt. Direkt nach der Ausbildung bin ich in den Betrieb gewechselt. Ein Studium mit viel Theorie, da gebe ich meinem Vater recht, hätte nicht viel Sinn gemacht. Bis heute bereue ich nicht, dass ich nicht an der Uni war. Ich lerne viel mehr von der Praxis. Weiterbildung ist mir deswegen sehr wichtig.

In den vergangenen Jahren habe ich an unzähligen Seminaren teilgenommen, viel mit externen Coachs zusammengearbeitet, ein Mentor hat mich zwei Jahre begleitet. Zu Hoch-Zeiten war ich 30 Wochenenden im Jahr unterwegs, jetzt besuche ich ein Seminar im Monat. Dazu kommen Hörbücher im Auto und viele Bücher.

Die Themen sind bunt gemischt: von Persönlichkeitsentwicklung und Mitarbeiterführung bis zu Power Reading, Poker und Pferde-Coaching.

Seminare auswählen: Stellen Sie sich diese Fragen

Welche Seminare ich aussuche, welche Experten ich in die Firma einlade und zu welchen Treffen ich selbst fahre, ist vor allem von zwei Faktoren abhängig: Welches Problem möchte ich in meinem Unternehmen lösen und welche Kontakte habe ich über mein Netzwerk?

Zum Beispiel beschäftigen mich gerade der Aufbau eines Online-Shops und die Umstellung des Warenwirtschaftssystems. Dafür schaue ich mich zuerst in meiner Branche und extern nach Firmen um, die in diesen Bereichen gut aufgestellt sind. Dann besuche ich sie.

Mentoren und Experten finden: Nutzen Sie Ihr Netzwerk

Neben praktischen Einblicken ist auch ein Mentor oft sehr hilfreich. Um den Richtigen zu finden, darf man auf keinen Fall bescheiden sein. Als Erstes suche ich mir immer den Besten der Besten aus. Wenn ich weiß, wen ich haben möchte, spreche ich ihn direkt an und frage, ob er Zeit hat. Ein „Nein" sollte man dabei nicht überbewerten, es ist auch nur ein Wort mit vier Buchstaben und wer nicht fragt, der nicht gewinnt. Bei meinem Mentor hatte ich Glück. Alexander Christiani ist vor zwei Jahren auf mich zugekommen.

Viele Kontakte zu Experten habe ich über mein Netzwerk. Ich frage nach Referenzen und bekomme Empfehlungen, dann schaue ich mir die Leute an. Aber es gibt auch spontane Treffen: Mich hat mal ein Vertriebler angerufen und es geschafft, mich zum Zuhören zu bringen, obwohl ich bei diesen Anrufen eigentlich total genervt bin. Das hat mich so beeindruckt, dass ich ihn direkt für mein Team engagiert habe.

Hinterfragen Sie sich als Führungskraft kritisch

Auch privat fahre ich viel zu Seminaren. Viel gelernt habe ich beispielsweise bei der Frankfurt Academic zum Thema Führungsqualitäten. In der Gruppe sollten wir bestimmte Ziele erreichen. Weil ich schnell die Initiative ergreife und weil ich wollte, dass die Gruppe erfolgreich ist, habe ich mich richtig ins Zeug gelegt. Beim Feedback war es dann gar nicht so angenehm zu hören, dass ich de facto zu forsch sei und deshalb auch zu viel Arbeit selbst mache. Dadurch, dass mir jemand den Spiegel vorgehalten hat, habe ich gelernt, mich zurückzunehmen, gelassener zu sein und mir selbst zu sagen: „Das wird schon alles seinen Weg gehen."

Auch ein Erlebnis aus dem Klettergarten rufe ich immer wieder auf: Damals sollte ich einen 15 Meter hohen Baumstamm hochklettern (Pamper Pole genannt – und das nicht ohne Grund), der letzte Schritt auf eine im Durchmesser nur 30 Zentimeter große Plattform war weit. Trotz der Sicherung hatte ich Angst, ich musste mich richtig überwinden! Für den letzten Schritt brauchte ich fünf Minuten – gefühlt eine Ewigkeit. Meine Beine zitterten wie Espenlaub, aber ich habe den letzten Schritt gewagt und mich auf den Baumstamm gestellt. Was für ein tolles Gefühl! Wenn ich heute überfordert oder unsicher bin, denke ich daran, dass ich den Klettergarten gemeistert habe und das hier jetzt auch schaffe. Einmal tief durchatmen, dann geht es weiter.

Setzen Sie das Gelernte sofort um

Die Umsetzung des Gelernten ist aber das Wichtigste. Was man 48 Stunden nach dem Seminar nicht angefangen hat, wird wahrscheinlich immer in der Schublade bleiben. Deswegen frage ich mich nach jeder Weiterbildung: Was nimmst Du mit und was setzt Du sofort um?

Die Umsetzung bedeutet meist, dass ich vor meiner eigenen Haustür kehre. Aber manchmal betreffen die Pläne auch die Firma und alle Mitarbeiter. Dann stelle ich die Pläne dem Team vor und frage es nach seiner Meinung. Manchmal macht es auch Sinn, für die Mitarbeiter einen externen Coach in die Firma zu holen, der ein spezielles Thema genauer erklärt. Zum einen, weil der Prophet im eigenen Land nicht zählt. Und weil ein externer Berater, der nicht im Tagesgeschäft feststeckt, einen guten Blick von außen hat und sachlich statt emotional über Thema sprechen kann. Auch diese Coachs finde ich über mein Netzwerk, führe Vorgespräche mit ihnen und schaue, ob sie zu meinem Team passen.

Schreiben Sie Erfolge auf

Zu den besten Tipps, die ich bekommen habe, gehört einer von Coach Bodo Schäfer. Um ein besseres Gefühl für Geld zu bekommen, empfiehlt er, immer 500 Euro im Geldbeutel mit sich zu tragen. Es gibt einem das Gefühl, immer Geld zu haben, und man gewöhnt sich an den Umgang mit Geld. Der schöne Nebeneffekt: Wenn man sich etwas leisten möchte, hat man immer genug Bargeld dabei. Das gibt einem viel Freiheit im Kopf und beendet störende Glaubenssätze zum Thema Geld.

Ein anderer Tipp ist das Erfolgstagebuch. Ein Jahr lang habe ich jeden Abend meine fünf Erfolge aufgeschrieben – und wenn es nur war, dass ich eine Flasche Wasser mehr am Tag getrunken habe. Ich habe notiert, was mir gut gefallen hat und für wen oder was ich dankbar war. Das hat mir geholfen, nicht in den Misserfolgen stecken zu bleiben. Mittlerweile brauche ich das Buch nicht mehr, ich habe mein Denken komplett umgepolt.

Jede kleine Sache bringt eine Veränderung mit sich, man muss gar nicht mit der größten Aufgabe anfangen. Es reicht zum Beispiel schon, jeden Morgen einen Liter Tee zu trinken. Das habe ich in der letzten Zeit geschafft.

Impulse kompakt

In der nächsten Zeit möchte ich an einem viertägigen Schweigeseminar teilnehmen. Das wird für mich eine Herausforderung, nicht nur weil ich gerne viel rede und manchmal hektisch bin, sondern auch auf Smartphone und Co. verzichten muss. Ich freue mich schon darauf und werde von meinen Erfahrungen berichten.

#30

Neue Wege gehen und sich ausprobieren

Coaching: Besser Führen mit Pferden

Ein Pferd longieren ist ein anspruchsvoller Sport. Aber ist es auch eine Coaching-Methode für Führungskräfte? Auf jeden Fall, und deshalb habe ich gleich meine komplette Mannschaft auf den Pferdehof geschickt und wurde positiv überrascht.

Östlich von Nürnberg gibt es einen winzigen Ort, wunderschön auf einem Hügel gelegen: Kursberg. Er besteht nur aus einer Handvoll von Häusern, an denen vorbei sich ein kleines Bächlein schlängelt. Der Ort wirkt unglaublich beruhigend auf mich – nicht nur, weil es dort keinen Handyempfang gibt. Auf dem Kursberg steht mein Trainingspferd Moses. Es bringt mir bei, wie ich meinen Führungsstil verbessern kann. Das mag im ersten Moment skurril klingen, hat aber einen sehr realen Hintergrund.

Zu dieser Coaching-Methode bin ich über eine glückliche Fügung gekommen: Vor gut zwei Jahren war ich auf der Bundeskonferenz der Wirtschaftsjunioren. Dort werden immer unterschiedliche Workshops angeboten. Einer davon war „Führen mit Pferden". Ich habe mich sofort eingetragen, weil ich das schon ewig ausprobieren wollte. Wir hatten damals einen Schnupperkurs von eineinhalb Stunden bei Silke Pirner auf dem Kursberg – und da habe ich gemerkt, wie viel in diesem Coaching-Ansatz steckt. Das Besondere daran ist: Pferde geben sofort ein ehrliches Feedback. Es sind ganz sensible Tiere, die merken, wenn man ihnen etwas vorspielt. Wer das Coaching einmal durchlaufen hat, kann die Pferde steuern, ohne in der Koppel zu stehen.

Entscheidend ist die innere Einstellung

Das ist keine Zauberei, sondern hat ganz konkret etwas mit der inneren Einstellung zu tun: Wir haben das gesprochene Wort und wir haben die Körpersprache. Und alles hat Auswirkungen. Das gesprochene Wort hat dabei den geringsten Effekt. Wenn ich ein Pferd bewegen will, kann ich es natürlich mit den Worten versuchen: „Pferd, lauf gerade aus!" Aber dann steht das Pferd da – und macht gar nichts. Ich kann mich auch mit voller Wucht dagegenwerfen. Das hat bei einem 600 Kilo schweren Haflinger den gleichen Effekt. Aber wenn ich innerlich eine dankbare Haltung einnehme und ihm wertschätzend entgegentrete, dann bewegt sich das Pferd auf einmal. Das gleiche sieht man täglich in Firmen: Wenn ich beispielsweise zu einem Mitarbeiter sage „Ich hab dir doch erklärt, dass du das so und so machen musst" und gleichzeitig denke „Was für ein Blödmann", ist das keine sehr wertschätzende Haltung – und das strahlt auf die Körpersprache aus. Die Leistung des Mitarbeiters wird das nicht steigern.

Weich in der Sprache, hart in der Sache

Es geht bei diesem Coaching natürlich nicht darum, alles weichzuspülen. Ich habe dabei gelernt, weich in der Sprache und hart in der Sache zu sein. Mein Führungsstil hat sich dadurch merklich verändert. Ich habe mich komplett von diesem patriarchalischen Bild verabschiedet und Mitarbeiter in die Eigenverantwortung geschickt – ohne einen Kommunikationsstil, der persönlich verletzend ist.

Ein weiterer wichtiger Punkt des Coachings ist die „Fokussierung": Wenn ich das Pferd führe und selbst gar nicht weiß, wo ich hinwill, wenn ich versuche, das Pferd hinter mir herzuziehen und am besten noch von hinten zu schieben – das funktioniert nicht. Dann bleibt es einfach stehen. Aber wenn ich weiß, wo ich im Parcours entlang will, wenn ich meine Gedanken sortiert habe, dann setzt sich das Pferd wie von alleine in Bewegung.

Ist das Pferd erst mal am Laufen, muss ich mir nicht ständig Gedanken machen, wie ich es weiter in Bewegung halte – ich kann ausatmen und in die Landschaft blicken. Übertragen auf die Firma bedeutet das: Habe ich etwas richtig delegiert, dann läuft das, ohne dass ich immer mit der Peitsche dahinter stehen muss. Habe ich das Tagesgeschäft an gute und verlässliche Mitarbeiter abgegeben, kann ich mir die Zeit nehmen, strategisch die nächsten Zukunftsschritte meiner Firma zu planen.

Silke Pirner, Moses und ich arbeiten jetzt seit knapp einem Jahr regelmäßig zusammen. „Freude, Fülle, Leichtigkeit" ist der Grundsatz, der dahintersteht – und den habe ich verinnerlicht. Es darf alles laufen, es darf alles fließen und es darf auch Spaß machen. Ich muss nicht täglich etwas machen, das mir keinen Spaß macht – warum denn auch? Das sind Sachen, die mir viel bewusster geworden sind.

Mit der ganzen Mannschaft auf den Pferdehof

Weil ich so überzeugt von der Coaching-Methode bin, habe ich mir vor kurzem alle meine Mitarbeiter geschnappt und bin mit ihnen auf den Kursberg gefahren. Die Leute haben sich am Wochenende extra dafür Zeit genommen. Wir hatten auch Männer dabei – und ich dachte, wenn ich denen sage, wir fahren auf den Pferdehof, dann halten die mich für verrückt. Aber keiner hatte einen Zweifel daran oder dachte, das wäre ein blödes Projekt. Kein einziger hat gefehlt.

Wir hatten auch zwei mit extremer Angst vor Pferden dabei – und trotzdem haben alle diese Übungen mitgemacht. Wir waren insgesamt zwei Tage dort und haben Teamübungen absolviert, vier bis fünf Leute pro Pferd. Bei den Übungen konnte man wunderbar sehen, wie die Mitarbeiter miteinander kommunizieren, wer Führungspotenzial in sich trägt – und wer sich sogar unterschätzt. Wir haben viel neu definiert in diesen zwei Tagen.

Die Umsetzung ist ein harter Weg

Wir haben Ideen und Visionen entwickelt, wie wir noch besser in unseren Prozessen werden können, und wir haben für jeden Mitarbeiter ein Stärkenprofil erarbeitet – extra kein Stärken-/Schwächenprofil. Wir haben nur darauf geachtet: Was kannst du? Bist du an der Stelle, an der du arbeitest, richtig – oder an einer anderen Stelle vielleicht noch besser? Das Feedback der Mitarbeiter war weitgehend positiv.

Jetzt sind wir in der Umsetzungsphase. Dass so ein Prozess nicht von heute auf morgen realisierbar ist, ist auch klar – es ist ein harter Weg. Es ist eine Änderung der Unternehmens- und der Kommunikationskultur nötig. Denn das Stärkenprofil ergibt auch: Wie muss ich mit wem reden? Der eine braucht eine weiche Kommunikation, der andere eine klare Ansage – da ist jeder unterschiedlich. Konflikte entstehen ja oft, weil man immer erwartet, dass der andere genauso reagiert wie man selbst. Aber das ist falsch. Deswegen muss ich auch jeden anders behandeln.

Impulse kompakt

Die wichtigste Erkenntnis des Coachings ist sicherlich:
Man kann nie den anderen ändern, man kann nur sich selbst ändern.

#31

„Mich interessieren die Leistungen meiner Mitarbeiter, nicht ihre Klamotten"
Schluss mit dem Casual-Friday!

Schlips, Hemd und lange Hosen: In vielen Branchen gilt nach wie vor eine strenge Kleiderordnung. Nicht alle fühlen sich damit wohl – und leisten dadurch im Zweifel schlechtere Arbeit. Ich möchte mit Klischees brechen und somit mehr Freiraum erzeugen.

Wie Chefs typischerweise aussehen, wissen schon die Kleinsten. „Nicht so wie Sie", höre ich jedenfalls oft, wenn ich in lockerer Kleidung vor einer fünften oder sechsten Schulklasse stehe, um über meinen Beruf als Unternehmerin zu sprechen. „Wie denn dann?", frage ich die Kinder, die oftmals noch ein ziemlich antiquiertes Bild von Führungskräften haben. Häufig kommen dann Antworten wie: „Die tragen immer Nadelstreifenanzug und Krawatte", oder „Chefs haben einen Zylinder auf dem Kopf und rauchen Zigarre."

Zugegeben: Letzteres trifft heutzutage wohl nur noch auf die wenigstens Chefs zu, doch Anzug und Krawatte gehören anscheinend nach wie vor zum Standardrepertoire für jemanden, der im Geschäftsleben ernst genommen werden möchte. Dieses Bild wabert zumindest immer noch in den Köpfen der Kleinsten herum und auch die Realität kann sich von dieser Wahrnehmung nicht ganz befreien.

Doch Zeiten ändern sich und die Klamotten gleich mit. Immer mehr Führungspersönlichkeiten, darunter bekannte Größen wie Daimler-Chef Dieter Zetsche oder Siemens-CEO Joe Kaeser, verbannen Krawatte und Lederschuhe in den Schrank und präsentieren sich auf Hauptversammlungen und Konferenzen lässig in bequemen Turnschuhen und ohne Schlips – ein vermeintlich hochsymbolischer Wandel in solch konservativen Branchen. Man wolle sich schließlich verjüngen, heißt es dann oft, mehr „Start-up-Feeling" in die Firma holen und in die Köpfe. Doch seien wir ehrlich: Bei alten Gemäuern hilft nun mal kein neuer Anstrich, wenn die Bausubstanz bereits bröckelt.

Wer formale Erwartungen an die Kleidung reduziert, fördert das Arbeitsklima

Das Sprichwort „Kleider machen Leute" hat dennoch Berechtigung. Und so ist es nur folgerichtig, dass der beratende Sparkassenmitarbeiter genauso wie der Autoverkäufer oder der Versicherungsvertreter sich in Hemd und Krawatte kleidet, statt in ausgewaschenem Shirt und kurzer Hose vor die Kunden zu treten. Auch unsere Mitarbeiter im Kundenkontakt und im Vertrieb tragen bestickte Hemden mit unserem Firmenlogo. Nicht unbedingt aus modischen Gründen, sondern vielmehr damit der Kunde direkt weiß, mit wem er es zu tun hat.

Im Innendienst steht unseren Mitarbeitern die Wahl der Klamotten hingegen vollkommen frei. Getreu dem kölschen Motto „Jeder Jeck ist anders" dürfen unsere Mitarbeiter auch gern Shorts und T-Shirts tragen, oder wilde Muster und Schnitte. Erlaubt ist alles, solange es nicht ungepflegt wirkt. Denn was haben Prints oder Farben schon mit der Qualität der Arbeit zu tun? Richtig: nichts!

Als Chef Signale setzen

Auch für mich als Chefin ist bequeme, freizeitliche Kleidung vollkommen normal und steht überhaupt nicht im Widerspruch zu meiner Funktion. Sicherlich sieht man mir damit nicht auf den ersten Blick an, dass ich einen mittelständischen Werkzeughandel führe, aber das muss es auch nicht, zumindest nicht im beruflichen Alltag. Lieber bin ich authentisch und durch meine Kleidung auf einer Ebene mit meinen Mitarbeitern als mit Bluse, Bleistiftrock und hohen Schuhen durch unsere Flure zu stöckeln. Das mag zu offiziellen Anlässen passen, oder wenn ich auf der Bühne stehe, hat aber absolut nichts zu tun mit einem entspannten Wohlfühlklima. Natürlich möchte ich niemandem vorschreiben, wie er sich zu kleiden hat. Unsere Mitarbeiter dürfen genauso gern in Anzug und Krawatte kommen, wenn sie sich darin wohlfühlen.

Impulse kompakt

Durch meinen eigenen, legeren Kleidungsstil möchte ich allerdings von vornherein signalisieren, dass ich einen Kollegen in kurzer Hose und T-Shirt genauso schätze, wie einen Mitarbeiter in Hemd und langer Hose. Denn am Ende des Tages zählen nicht Geschmack oder Stil oder die Länge der Hose, sondern einzig und allein die Leistung des Mitarbeiters. Und die ist erwiesenermaßen besser, wenn er sich in seiner Haut (und seinen Klamotten) wohlfühlt.

#32

Stechuhren sind schlecht für das Betriebsklima

Ausgleich findet nicht nur auf der Uhr statt

Vertrauensarbeitszeit ist für meine Mitarbeiter und mich das beste Konzept, denn auch bei Differenzen ist es die Aufgabe des Chefs, diese zu beseitigen. Ein entspanntes Arbeitsklima ist mir wichtiger als ständige Kontrolle: In unserem Betrieb ist Vertrauensarbeitszeit völlig normal. Mit nur 24 Angestellten sind wir ein kleines Unternehmen, familiär geführt, da gehört Vertrauen einfach dazu. Wer früher nach Hause geht, muss seine Stunden pflichtgemäß nachholen. Und wer zu viele Überstunden anhäuft, muss irgendwann auch mal die Reißleine ziehen. So viel Eigenverantwortung und Pflichtgefühl erwarte ich als Chefin.

Natürlich gibt es immer den einen, der notorisch zu spät kommt. Den, der schon vor 17 Uhr die Jacke anzieht, um nach Hause zu gehen, und die Mittagspausen extralang ausweitet. Da hilft dann nur ein klärendes Gespräch. Aber alle anderen mit einem Zeiterfassungssystem abzustrafen, nur weil einer meint, die Regeln brechen zu müssen? Nein danke!

Vertrauensarbeitszeit ist ein Muss der modernen Arbeitswelt

Um ehrlich zu sein, hat man seine Mitarbeiter doch sowieso immer im Blick. Gerade bei kleinen und mittleren Betrieben ist es in meinen Augen sogar Aufgabe der Führungskraft, darauf zu achten, dass die Angestellten ihr Soll erfüllen - und zwar weder zu viel noch zu wenig. Wer andauernd Überstunden macht, braucht eventuell Unterstützung oder eine Umstrukturierung des Teams. Und wer ständig früher geht, der langweilt sich vielleicht und braucht einfach mehr zu tun. Das zu erkennen und zu ändern ist Sache der Leitung.

Natürlich ist so viel Flexibilität nicht in allen Unternehmen, nicht in jeder Branche und auch nicht in allen Abteilungen gegeben. Das Telefon im Kundendienst zum Beispiel muss einfach zu den üblichen Zeiten besetzt werden, und auch im Verkauf muss jemand zu den Kernarbeitszeiten vor Ort sein. In vielen anderen Fällen aber, und das ist auch in großen Firmen möglich, bietet Vertrauensarbeitszeit zu viele Vorteile, als dass man darauf verzichten könnte – und sei es nur die Möglichkeit, morgens einfach eine Stunde später zu kommen, um vorher noch schnell sein Kind zur Kita zu bringen, oder nachmittags früher zu gehen, um einen Arzttermin wahrzunehmen.

Ich möchte meine Mitarbeiter nicht ständig kontrollieren

Eine Ausnahme allerdings gibt es. Mehr als ein Viertel meiner Angestellten sind Raucher, die während der Arbeitszeit zwei- bis viermal vor die Tür gehen und jeweils fünf bis zehn Minuten rauchen. Allen anderen gegenüber ist es also nur fair, dass sie die Zeit, die sie mit Rauchen verbringen, von der Mittagspause abziehen und Nichtraucher nicht für ihren Fleiß abgestraft werden.

Zunächst mal setze ich aber auf Vertrauensarbeitszeit und werde das wahrscheinlich auch in Zukunft tun. Die Dankbarkeit meiner Mitarbeiter zu spüren und zu sehen, dass sie auch freiwillig gern länger arbeiten, um dieses Privileg zu genießen, bestätigt mich als Chefin in meiner Entscheidung. Außerdem – da bin ich ganz ehrlich – habe ich gar keine Lust, den Kontrollfreak zu spielen. Ein entspanntes Verhältnis zu meinen Angestellten ist mir am Ende eben einfach mehr wert als eine akkurate Zeiterfassung.

Impulse kompakt

Es ist ein Trugschluss, dass absolute Kontrolle der Mitarbeiter bessere Ergebnisse hervorbringt. Mit der Überwachung und zu wenig Freiheit schwindet die Freude an der Arbeit und mental findet eine Schwächung der Mitarbeiter statt. Erfolgreiche Unternehmen leben eine gesunde Fehlerkultur und schaffen ihren Mitarbeitern Raum zur Entfaltung.

#33

Bewerbungen: Warum ein guter Uniabschluss manchmal wertlos ist

Kompetenz fernab von Zeugnissen erkennen

Wer Karriere machen will, braucht einen Top-Abschluss, heißt es oft. Zeugnisse sagen aber leider nur wenig über Bewerber aus und Mitarbeiter mit schlechten Noten sind mir manchmal sogar lieber. Ich hätte gern studiert, wenn ich ehrlich bin. In der Praxis und bei Kundenabschlüssen macht mir keiner was vor, aber wenn es um theoretische Kenntnisse geht, um steuerliche Angelegenheiten zum Beispiel, wäre mir eine gewisse Grundkenntnis einfach lieb. Leider, oder besser zum Glück, kam mein Vater damals direkt nach meinem Schulabschluss auf mich zu und fragte, ob ich nicht lieber seine Firma übernehmen wolle, statt zu studieren. Ohne zu zögern sagte ich zu und bereue es auch bis heute nicht. Nur in den kleinen Momenten der Theorie, da sehne ich mich danach.

Heute führe ich meine Firma mit 24 Mitarbeitern. Ich entscheide selbst darüber, wer in unser Unternehmen passt oder wo ein Bewerber richtig und gut eingesetzt werden kann. Mitunter sitzen dann auch studierte Bewerber vor mir, Leute mit sehr guten Abschlüssen, die alle Firmen so händeringend suchen und nicht voreilig abweisen würden. Kompetent in der Theorie sind sie alle, das bestreitet keiner. Aber wenn ich einen Vergleich ziehe zwischen Bewerbern mit guten Abschlüssen und denen ohne, kommt es nicht selten vor, dass ich eine Überraschung erlebe.

Allrounder gesucht

Bevor ich erkläre, was ich meine, muss ich kurz differenzieren: Ich führe einen mittelständischen Betrieb, keinen Konzern und auch kein Unternehmen mit Tausenden Mitarbeitern. Die Hierarchien bei uns sind flach, wenn auch eindeutig verteilt, und jeder hilft dem anderen, wo er kann. Konkurrenzdenken innerhalb der Teams gibt es nicht. Da packen alle mit an und jeder kann irgendwie alles, zumindest ein bisschen. Und genau da, so sieht es zumindest aus, liegt bei einigen Studierten das Problem. In einem Umfeld wie unserem fangen Überflieger auf dem Papier nämlich häufig an, sich einzuigeln. Da wird stur und starr nach Auftragsklärung gearbeitet, erst der eine Prozess abgearbeitet, bevor der nächste beginnt, und mit Scheuklappen weder nach rechts noch nach links geschaut, weil sie es im Studium nicht anders gelernt haben. Vor allem mit Mitarbeitern aus der Industrie bin ich damit schon häufig auf die Nase gefallen. Das sind oft gute Spezialisten in ihrem Bereich, die sich mit dem Blick über den Tellerrand allerdings schwertun, da sie mit dieser nicht abteilungsgetriebenen, agilen Arbeitsweise fremdeln. Wir aber brauchen nun einmal Allrounder.

Der Fehler liegt im System

Die vermeintlich unqualifizierten Bewerber mausern sich hingegen oft zu großartigen Kollegen. Schüler, die mit der Theorie in der Schule gar nicht klarkommen, bei uns aber tatkräftig anpacken, Mütter, die endlich wieder arbeiten wollen und ambitionierter sind denn je, oder Quereinsteiger, die ihre wahre Berufung erst spät entdeckt haben und sich dann doppelt so stark reinhängen in den Job. Entgegen des ersten Eindrucks, können solche Menschen Leistungen freisetzen, die man bei anderen bereits voraussetzt und dann oft enttäuscht wird. Bewerber mit schlechten Noten sind mir damit mindestens genauso lieb wie gut ausgebildete. Im Zweifel werde ich immer (positiv) überrascht.

Ich will damit nicht sagen, dass Uniabschlüsse kein Qualitätsmerkmal sind. Im Gegenteil: Zeugnisse und Zertifikate helfen mir als Führungskraft im ersten Moment sogar sehr, einen (wenn auch flüchtigen) Eindruck vom Bewerber zu bekommen. Leider haben die Lehren der Universitäten aber nur wenig mit dem zu tun, was in der Wirtschaft und damit im Berufsleben tatsächlich erforderlich ist. Da unterrichten Dozenten, die selbst nie die universitäre Landschaft verlassen haben und predigen Dinge, die in der Theorie sicherlich ihre Berechtigung haben, auf dem freien Markt allerdings untauglich sind.

Diese Schieflage entsteht leider oft schon in den Schulen. Wenn ich dort Seminare gebe oder Vorträge über die Inhalte der Zukunft halte, sehe ich oft in verzweifelte Lehreraugen, die mir signalisieren, dass sie von den Themen, die sie den Kindern beibringen sollen, eigentlich keine Ahnung haben. In Bayern schreibt das Kultusministerium neuerdings „E-Commerce" in die Lehrpläne, doch bis auf die Tatsache, dass der ein oder andere Lehrer selbst mal was im Internet bestellt hat, ist nicht viel übrig vom Wissen um das Einkaufen im Netz. Wie denn auch, stand es zu ihren Studienzeiten doch noch gar nicht zur Debatte.

Noten können nicht mit anpacken

Ich will damit nicht alles schlechtreden am System. Ich bin der Meinung, dass es größtenteils großartige Absolventen hervorbringt, die ihre theoretischen Kenntnisse bestens um praxisnahe Learnings ergänzen können. Vor allem an Fachhochschulen, wo neben reinen Hochschulmitarbeitern auch Vertreter aus der Wirtschaft dozieren, wächst vielversprechender Nachwuchs heran, der sowohl auf dem Papier glänzt, als auch im Umsetzen der gelernten Inhalte.

Am Ende müssen sich Bewerber nur eins klarmachen: dass es nicht essentiell ist, wo man studiert oder welchen Abschluss man hat, sondern wo man hin will. In großen Unternehmen und oder gar börsennotierten Konzernen ist es in der Tat wichtig, eine gute theoretische Ausbildung vorweisen zu können, allein schon, weil sie das Einfallstor zur Personalabteilung bildet. Zeugnisse und Abschlüsse sind demnach das A und O und sollten gut sein. Praktiker allerdings, Leute mit Transfer-Fähigkeiten, sind auch im Mittelstand mehr als willkommen und haben gute, wenn nicht sogar bessere Chancen als reine Uniabsolventen.

Bei der Bewertung und Auswahl von Bewerbern sind Noten dabei eher zweitrangig. Wichtiger ist mir, dass jemand brennt für das was er tut und Einsatz zeigt. Und das tun Menschen mit schlechten schulischen/universitären Noten manchmal sogar besser als gute Absolventen. Weil sie endlich die Möglichkeit bekommen, Gas zu geben und ihre praktische Ader, die in der Ausbildung zu kurz gekommen ist, auszuleben. Hochstudierte Menschen hingegen oder Fachidioten verstehen zwar oft sehr viel von ihrer Materie, hadern aber mit dem Zwischenmenschlichen oder einer manchmal chaotischen Arbeitsweise eines Mittelständlers, in der viel nach Bauchgefühl und weniger nach klar definierten Regeln gespielt wird. Am besten wäre natürlich ein Mix aus beidem, mit viel Glück erhascht man auch so jemanden! Was ich mit dem Beitrag zum Ausdruck bringen will: Sorgt euch nicht!

Impulse kompakt

Unternehmertum lebt davon, dass man den Faktor Mensch wertschätzt. Unterschiedlichste Qualifikationen machen die Arbeit eines Teams erfolgreich, da die gesamte Mischung der Persönlichkeiten unterschiedliche Herausforderungen von allen Seiten – anhand aller Kompetenzen – angehen kann.

Innovation

Innovation & Digitalisierung

„Gerade als Unternehmerin sorge ich mich um die von Algorithmen geführten Mitarbeiter, denn Traditionen werden in einem Familienunternehmen niemals vollständig durch eine KI ersetzt werden."

Im Leben gibt es keine nützliche Weiterentwicklung ohne den Willen zu Innovation. Wo mit Vehemenz auf eine neue Kultur der Wegwerfgesellschaft hingearbeitet wird – obwohl dies ja angeblich niemand will – wird es Zeit für die Besinnung auf Werte. Wie passt das zu Innovation? Nach vielen Jahren gesellschaftlichen Raubbaus wirkt es beinahe innovativ, sich mit Traditionen in einem Familienunternehmen zu beschäftigen und gleichzeitig modernste Techniken zu fördern. Die neue Form, über den Tellerrand zu blicken, umfasst Mut, Begeisterungsfähigkeit und Einsatz, der nicht nach einem strikten „nine to five"-Plan geregelt ist. Innovationen sind unabdingbar, wenn man erfolgreich sein will, soviel steht fest.

Es gilt, über bestehende Geschäftsmodelle hinauszudenken, denn Zukunft klopft nicht eines Morgens in der Firma als verschlafener Gast an. Aktive Prozesse sind die Ausgestaltung einer erfolgreichen Zukunft. Innovation und Digitalisierung im Unternehmertum zeigen, dass täglich ein anderer Kampf stattfindet. Das ist natürlich symbolisch für verschiedenste Herausforderungen zu verstehen – unsere Kraft und Aufmerksamkeit werden gebraucht und prägen somit eine permanente Kultur der Innovation. Immer werden Unternehmen auch auf Wendepunkte im Business und somit auch im Wettbewerb stoßen. Und wie geht es dann weiter?

Wettbewerbsvorteile sind kein bleibender Faktor – Innovationen sind also im stetigen Prozess der Entwicklungen unabdingbar. Worin steckt also die fundamentale Aufgabe von Unternehmen? Vorteile schaffen? Ok. Wirtschaftskreisläufe drehen sich heute schneller – wir alle müssen schneller die Richtung ändern können, ohne unsere Werte, Ziele oder Kompetenzen aus den Augen zu verlieren. Gefestigt und dennoch aufgeschlossen.

PIXABAY

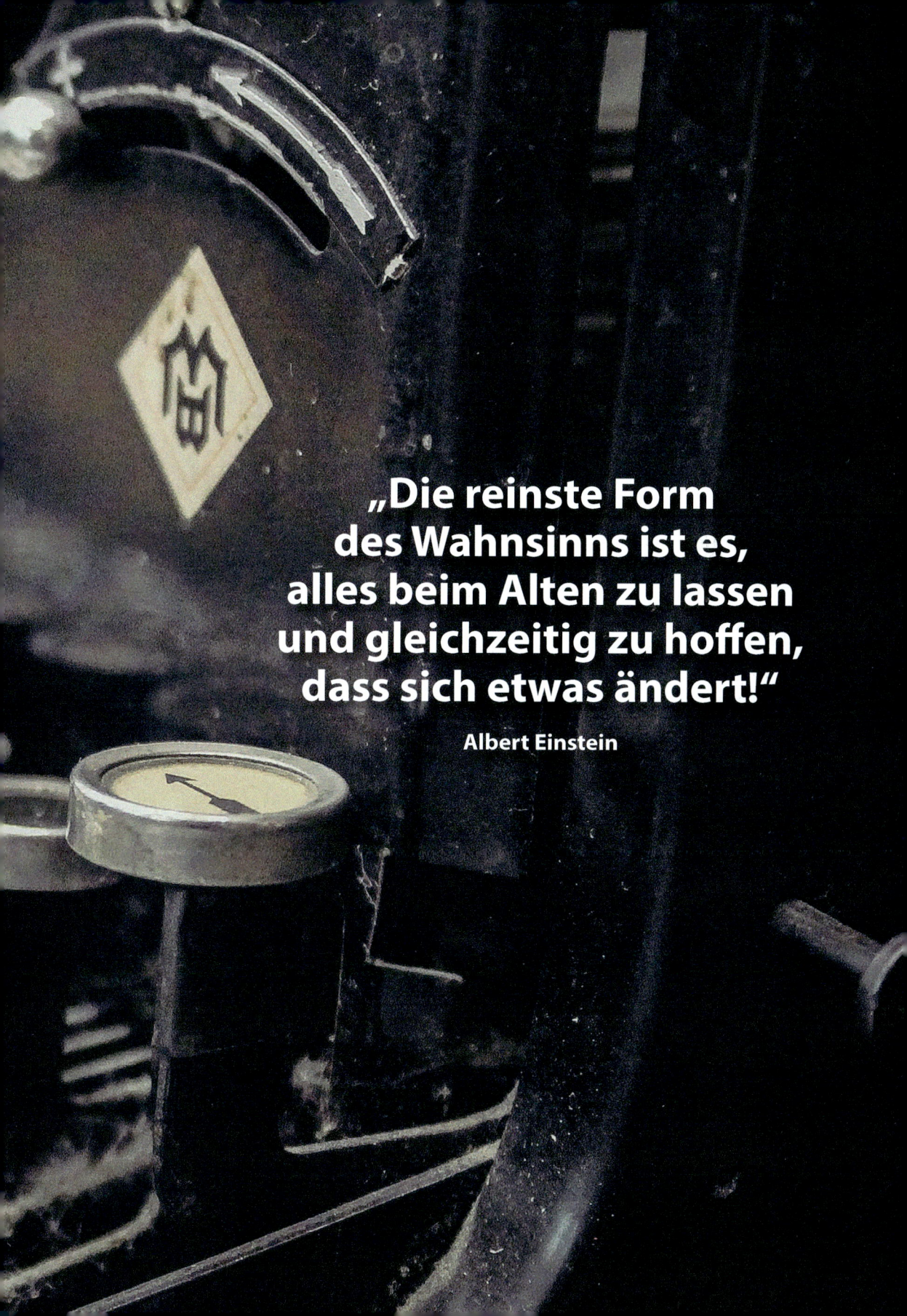

„Die reinste Form
des Wahnsinns ist es,
alles beim Alten zu lassen
und gleichzeitig zu hoffen,
dass sich etwas ändert!"

Albert Einstein

#34

„Eine echte Sisyphusaufgabe"

Der „Datenzirkus" macht auch
vor Werkzeug nicht Halt

Als Unternehmerin möchte ich Smart Data nutzen, um meine Firma voranzubringen. Die Chancen sind riesig – doch um sie nutzen zu können, muss erst einmal so manche Altlast aufgearbeitet werden. Der Übergang zu Neuem erfordert aufgearbeitete Prozesse des Alten und die Bereitschaft, größer zu denken sowie Fremdes in die Abläufe zu integrieren.

„Daten sind das Gold des 21. Jahrhunderts" – dieser Spruch begegnet mir seit einiger Zeit überall. Heute lässt sich auswerten, welcher Kunde wann was kauft, welche Produkte am meisten nachgefragt werden, welcher Lieferant welches Produkt zum günstigsten Preis anbietet. Wer all das wissen will, muss allerdings einen riesigen Wust an Daten analysieren – und das kostet Zeit.

Ein Algorithmus könnte uns helfen

Die Mitarbeiter im Vertrieb meines Werkzeughandels werten beispielsweise regelmäßig das Kaufverhalten unserer Kunden aus. Aber natürlich können sie nicht jeden unserer Kunden ständig im Blick haben. Helfen könnte uns hier ein Algorithmus, indem er uns automatisch auf abweichendes Verhalten aufmerksam macht – etwa so: „Dieser Kunde hat immer Trennscheiben gekauft, aber die letzten drei Monate nicht mehr." Wenn wir einen solchen Hinweis bekommen, könnten wir sofort nachfragen, was bei dem Kunden los ist.

Auch ungenutzte Potenziale könnten wir auf diese Weise leichter erkennen, etwa: „Alle Schlosser haben Handschuhe gekauft, nur dieser eine nicht." Dann könnten wir auf den Kunden zugehen und ihm ein Angebot machen. Und sogar automatisierte Empfehlungen wären möglich. Anhand der vorliegenden Daten zum Kaufverhalten eines Kunden könnte der Computer berechnen, welche Produkte für diesen Kunden in Zukunft interessant sein könnten.

Ein ziemliches Durcheinander

Es gibt allerdings einen Haken: Solche Analysen sind nur mit einer sauberen Datenbasis möglich. Bei uns ist bei den Daten aber an einigen Stellen ein ziemliches Durcheinander. Das liegt an alten Datenbeständen: Als diese Daten eingegeben wurden, teilweise vor mehr als zehn Jahren, hat man nur die Informationen hinterlegt, die damals sinnvoll erschienen. Keiner konnte zu dieser Zeit ahnen, welche Auswertungen heute mit ein paar Klicks möglich sein würden.

Ein Beispiel: Für jeden Artikel gibt es eine weltweit einheitliche Identifikationsnummer – aber bei manchen Produkten ist diese Nummer nicht eingetragen. Es kann also sein, dass ein und dasselbe Produkt zweimal in unserem System hinterlegt ist, etwa von zwei unterschiedlichen Lieferanten. In diesen Fällen können wir dann nicht mehr nachvollziehen, wie oft wir das Produkt verkauft haben.

100.000 Artikel mit unvollständigem Datensatz

Dieses Chaos zu beseitigen, ist eine echte Sisyphosaufgabe. In unserem Warenwirtschaftssystem haben wir 100.000 Artikel, deren Datensatz nicht vollständig ist. Ein Beispiel: Handschuhe gehören in die Warengruppe Arbeitsschutz. Ich weiß das, meine Mitarbeiter wissen das – aber der Computer weiß das bisher nicht. Und kann deshalb keine Auswertung nach Warengruppen vornehmen.

Im September habe ich Start-ups in Israel besucht, um mich über das Thema Künstliche Intelligenz (KI) zu informieren. Auf der Reise wurde mir einmal mehr deutlich, wie sehr KI uns die Arbeit mit Daten erleichtern kann. Daher habe ich das Thema Datenqualität nun noch mal ganz besonders in den Fokus genommen. Wir hatten das Thema zwar schon seit zwei, drei Jahren auf der Agenda, sind aber bisher nur in kleinen Schritten vorangekommen.

Bei der digitalen Aufräumaktion ist jeder gefordert

Nun wollen wir die digitale Aufräumaktion mit höherer Priorität angehen – und zwar Schritt für Schritt. Aktuell konzentrieren wir uns auf die Kundendaten: Meine

Vertriebler clustern unsere Kunden nach Branchen. Das hilft uns, ihnen Newsletter mit passenden Angeboten zu schicken – ein Schreiner interessiert sich schließlich nur für Holz, nicht für Metall.

Um die Rechnungen digital versenden zu können, müssen wir wissen, unter welcher E-Mail-Adresse wir die Buchhaltung unserer Kunden erreichen. Deshalb haben wir alle Kunden angeschrieben und sie gebeten, uns ihre Buchhaltungs-E-Mail mitzuteilen.

Außerdem ist jeder gefordert, der zwischendurch mal ein paar Minuten Leerlauf hat, etwa zwischen zwei Telefonaten oder kurz vor Feierabend, Daten in der Warenwirtschaft nachzupflegen.

Erst wird es schlimmer, dann besser.

Mir ist klar, dass eine solche Aufgabe nicht unbedingt Spaß macht. Ich bin aber überzeugt, dass dieser Schritt notwendig ist – und dass wir am Ende alle davon profitieren können.

Ich habe die Hoffnung, mit dieser Herausforderung nicht allein zu sein. Jeder, mit dem ich über das Thema Datenmanagement, KI und Marketing-Automatisierung spreche, schildert mir dieses Problem. Es ist eine große Herausforderung. Aber der werde ich mich stellen müssen, um in Zukunft profitieren zu können.

Impulse kompakt

Es ist im Business wie im Leben: Es wird meist erst schlimmer, bevor es besser werden kann. Und es ist ja schön, wenn der Schmerz nachlässt.

#35

Chancen und Risiken der Digitalisierung
„Digitalisierung – ich fühle mich überfordert"

So viele neue Chancen, so viele neue Aufgaben! Doch welcher Weg ist der richtige? Und wie kann ich meine Mitarbeiter mitnehmen? Gedanken einer Unternehmerin, die sich von der Digitalisierung manchmal überfordert fühlt. Wir müssen uns um Big Data kümmern. Wir müssen unsere Prozesse verschlanken. Wir müssen den E-Commerce vorantreiben. Und und und! Die Aufgabenliste wird jeden Tag länger. Ist das die digitale Transformation, von der alle reden – und unter der offenbar jeder etwas anderes versteht?

Ganz klar: Die Digitalisierung bietet viele Chancen. Chatbots zum Beispiel, da sehe ich sofort einen Nutzen für uns: Unsere Kunden müssten sich auf unserer Website nicht mehr ellenlange FAQs durchlesen. Sie könnten ihre Frage eintippen und sofort eine Antwort bekommen. Eine richtig coole Sache, das will ich auf jeden Fall einsetzen. Aber ich habe natürlich keine Ahnung, worauf es dabei ankommt.

Spannende neue Technologien wie diese gibt es viele. Nützliche Tools kosten oft nicht viel oder sogar gar nichts. Aber man muss sich erst einmal mit ihnen auseinanderzusetzen. Das kostet: Zeit. Und die ist knapp in Zeiten, in denen sich alles rasend schnell ändert.

So viele Möglichkeiten!

Ich wusste immer glasklar, wo ich mit meiner Firma hin will, hatte einen guten Riecher für neue Geschäftsfelder. Aber nun habe ich zum ersten Mal das Gefühl: Ich weiß nicht, welcher Weg der richtige ist. Es gibt so viele Möglichkeiten! Jeden Tag kommen neue Informationen dazu. In letzter Zeit höre ich zum Beispiel überall: „Daten sind das neue Gold." Das mag schon stimmen, aber: Wir sind alle keine Datenexperten. Wenn ich mir allein unsere Kundendatenbank anschaue. Da steht schon mal der Vorname des Kunden im Feld für den Nachnamen oder der Vorname ist gar nicht eingepflegt. Ich muss also meinen Mitarbeitern vermitteln, dass Datenpflege wichtig ist. Noch eine Aufgabe!

Wie kann ich meinen Leuten Sicherheit vermitteln?

Überhaupt, meine Mitarbeiter: Wie kann ich ihnen Sicherheit vermitteln in einer Zeit, in der nichts Bestand hat? Wie kann ich sie motivieren und ihnen die Angst vor der digitalen Transformation nehmen – wenn ich als Führungskraft selbst nicht weiß, was der richtige Weg ist?

Einige meiner Leute haben Angst, dass ich ihren Arbeitsplatz wegrationalisieren könnte. Dabei habe ich das gar nicht vor. Es kann aber durchaus sein, dass manche irgendwann andere Aufgaben übernehmen – und das ist auch gut so. Denn wegen der schrumpfenden Margen brauchen wir schlanke Prozesse. Wenn ein Computer uns Routinearbeit abnimmt, könnten sie sich auf Dinge konzentrieren, die einen echten Mehrwert für den Kunden bringen, zum Beispiel Beratung. Aber das ist noch Zukunftsmusik.

Uns bleibt nichts anderes übrig als zu experimentieren

Manchmal kommt mir meine Firma schon heute vor wie ein Experimentierlabor. Wir wollen noch in diesem Jahr anfangen, 3D-Druck-Dienstleistungen anzubieten. Ich beteilige mich an einer Mietbox, über die man für 24 Stunden Werkzeuge mieten kann – nur zwei Beispiele für neue Ideen.

Wir arbeiten nach dem Motto: „Wir machen jetzt einfach mal – korrigieren und anpassen kann man noch auf dem Weg dorthin, anders geht es eh nicht." Ich persönlich finde es nicht schlimm zu sagen: „Okay, das funktioniert nicht, das lassen wir sein." Aber manchmal frage ich mich, wie das wohl bei meinen Leuten ankommt. Heute sage ich: „Da geht's lang" – und biege morgen von diesem Weg ab. Oder ich sage: „Kommando zurück." Ich habe Angst, dass die mich irgendwann nicht mehr ernst nehmen.

Und natürlich funktioniert nicht jede Idee. Wir haben zum Beispiel mal ein Projektsteuerungstool ausprobiert, das alle Projekte digital abbildet und über das man auch intern chatten kann. Da haben wir schnell festgestellt: Das ist nicht das Richtige für uns. Denn nicht alle meine Mitarbeiter sitzen ständig am Computer. Einige stehen im Laden, andere arbeiten im Lager. Wenn wir wichtige Infos über den Chat austauschen, kriegen die das einfach nicht mit.

Wer kann mir helfen?

Vielleicht müsste ich mir jemanden ins Unternehmen holen, der mich berät. Aber wen? Unter Digitalisierung versteht doch jeder etwas anderes: Der eine Berater sagt, du brauchst ein Customer-Relationship-Management, der nächste will dir Social Media beibringen, der übernächste dein Projektmanagement digitalisieren.

Natürlich würde es mir helfen, wenn ich jemanden im Team hätte, der sich all die neuen Tools und Technologien anschaut und mir vorstellt. Ich wüsste aber gar nicht, wen ich da einstellen sollte. Einen Digitalisierer – gibt es das überhaupt? Und selbst wenn: Als mittelständischer Betrieb mit 24 Leuten haben wir nicht unbedingt das Geld für so einen Experten – die sind ja heute sicher sehr gefragt.

Vielleicht bin ich zu wenig im Dialog mit meinem Team?

Also versuche ich mich selbst über so viele neue Entwicklungen wie möglich zu informieren. Ich lese viel, besuche Workshops, rede mit anderen Unternehmern, die jetzt Gas geben wollen. Zurück bleibt aber das Gefühl: Ob meine Firma überlebensfähig ist oder nicht, hängt allein von mir ab. Das überfordert mich manchmal.

Vielleicht bin ich aber auch zu wenig im Dialog mit meinem Team? Meine Mitarbeiter sind es gewohnt, dass ich 1.000 Ideen habe. Vielleicht sollte ich sie viel mehr einbeziehen, sie fordern. Ihnen sagen: „Ich will die Firma zukunftsfähig machen, aber ich brauche euch mit an Bord." Ich brauche eure Ideen. In unseren Mitarbeitern steckt so manch unerkanntes Potenzial – das sollten wir nutzen.

Impulse kompakt

Wie geht es Ihnen mit der schnellen Veränderung und der Digitalisierung? Bin ich allein mit meinen Gedanken, oder geht es anderen auch so? Haben Sie Lösungen und Ideen für sich gefunden?

#36

Online-Strategie für den Fachhandel

Sind Sie bereit, sich selbst zu kannibalisieren?

Einen eigenen Online-Shop lehnte ich als Unternehmerin lange ab – aus Furcht vor geringen Margen und Kannibalisierungseffekten. Warum investierte ich dann doch – und welche Online-Strategie steckt dahinter?

Wird der Fachhandel bald aussterben? Diese Frage stelle ich mir schon lange. Mittlerweile brauchen Amazon-Kunden nur einen Klick für ihre Bestellung, smarte Waschmaschinen kommunizieren mit dem Trockner, Kühlschränke bestellen fehlende Produkte automatisch nach, 3D-Drucker produzieren Häuser und Fleisch und Autos brauchen keinen Fahrer mehr. All das ist keine Science-Fiction mehr, sondern längst Realität.

Für den traditionellen Handel und auch für mich als Unternehmerin ist diese Entwicklung ein Bedrohungsszenario. Wie kann ich am besten auf diese rasante Entwicklung reagieren? Wie kann ich mich im digitalen Zeitalter von der Konkurrenz abheben? Wie kann ich in zwei Jahren noch handlungsfähig sein? Überlebe ich – oder nicht? Diese Fragen stelle ich mir häufig und ich weiß: Morgen ist schneller da, als man denkt.

Vor einigen Monaten hat mir ein Kunde gesagt: „Geben Sie mir lieber fünf Prozent Rabatt und schicken Sie mir dafür keinen Außendienst vorbei." Das hat mich schockiert. Kundenberatung und unsere Außendienstmitarbeiter zähle ich zu den großen Stärken meines Betriebs. Durch den wachsenden Online-Handel haben die Kunden aber immer weniger Interesse und Bedarf, einen persönlichen Kontakt zu einer Firma aufzubauen, und auch die Margen schrumpfen.

Wie kann ich online und offline verbinden?

Jetzt habe ich auf diesen Trend reagiert und eine Online-Strategie aufgebaut. Dafür habe ich einige Seminare zum Thema E-Commerce und Zukunft des Handels besucht, einen Mitarbeiter für diesen Bereich eingestellt, einen eigenen YouTube-Kanal, die Werkzeug University, aufgebaut und einen Online-Shop aufgesetzt. Das war ein halbes Jahr intensive Arbeit, bei der es immer um die Frage geht: Wie kann ich online und offline miteinander verbinden?

Bei den Seminaren sind mir einige interessante Fakten klargeworden. Die Smartphone-Nutzer werden älter, immer mehr 50- und 60-Jährige bestellen ihre Produkte auch mobil mit dem Smartphone oder Tablet. Durch automatisierte Bestellsysteme wie Amazon entscheiden die Konzerne anstelle des Kunden, wo die Ware bestellt wird. Das ist eine weitere schlechte Nachricht für den Fachhandel.

Macht der 3D-Drucker den Handel bald überflüssig?

Zudem wird mit der Sofortlieferung der bisherige Vorteil des Handels wegfallen, dass die Online-Konkurrenz einen Tag benötigte und der Artikel bei uns sofort abholbar war. Noch kann sich kaum jemand einen privaten 3D-Drucker leisten, weshalb es dafür spezielle Läden wie damals Internetcafés oder Copyshops geben wird. Da diese so gut wie verschwunden sind, werden auch die 3D-Druckershops verschwinden und jeder wird einen eigenen daheim haben.

Aber es gibt auch einen Vorteil, zumindest für das Handwerk. Dieses bekommt mehr Gewicht, weil die Leute nicht wissen, wie sie die Einzelteile aus dem 3D-Drucker zusammenbauen sollen. Aber alle Berufe ohne einen praktischen Mehrwert werden wohl aussterben. Der Übergang könnte schnell gehen. Schließlich haben auch Kutschen und Autos nicht lange nebeneinander existiert.

Sind auch Sie bereit, sich selbst zu kannibalisieren?

Deswegen sollte jedes Unternehmen, auch die kleinen, in diese schnelle digitale Revolution investieren. Handel heißt ja Wandel. Und wenn man eine Idee hat, sollte sie schnell umgesetzt werden. Der Fehler, den die Entwickler der ersten Digitalkamera gemacht haben, sollte sich nicht wiederholen. Diese ließen ihre Innovation in der Schublade liegen, weil sie befürchteten, keine Filme mehr verkaufen zu können.

Dann wurden sie von der Konkurrenz überholt. Eine große Fehlentscheidung.
Um es besser zu machen, muss jeder Unternehmer bereit sein, sich selbst zu kannibalisieren. Er muss durch Weiterentwicklungen eines Produkts auf Umsätze bei anderen Produkten verzichten, zum Beispiel auf den Verkauf von Filmen für analoge Kameras.

Wir kann ich online den Kontakt zum Kunden halten?

Aber trotz der Investition in die Online-Strategie und die Tendenz, dass der persönliche Kontakt für die Kunden unwichtiger werden wird: Ich gebe den persönlichen Kontakt nicht auf. Für mich ist er Kleber und Leim für den Betrieb. Schließlich sind wir alle Menschen und die direkte Kommunikation birgt einen großen Nutzen für den Kunden.

Deshalb bieten wir den Kunden in unserem Online-Shop zu jedem Produkt ein Gesicht des Ansprechpartners mit Telefonnummer und E-Mail-Adresse. Wir fordern den Kunden aktiv auf, uns zu kontaktieren. Wir erklären und beraten zu jedem Produkt. Ein weiterer Service sind die Sicherheitsdatenblätter, die direkt zu jedem Produkt heruntergeladen werden können. Im Online-Shop sind Preise, Verfügbarkeit und die Abholbarkeit transparent für die Kunden gekennzeichnet. Als Alternative zum Telefon wird es einen Chat geben. Mit dem YouTube-Kanal „Werkzeug University" erklären wir schließlich mithilfe von Videos, wie die Produkte richtig eingesetzt werden.

Neben dem Fokus auf den Kundenkontakt ist mir aber auch die Optik wichtig. Für die Gestaltung der Website habe ich mich mit einem Modedesigner zusammengesetzt. Ich wollte einfach anders denken als die anderen, sein kreatives Potenzial nutzen. Herausgekommen ist eine maßgeschneiderte Website. Herausgekommen ist in der Zusammenarbeit ein maßgeschneidertes Konzept für unsere Homepage – über den Prozess berichte ich gerne, sobald diese fertig ist – seien Sie gespannt!

Wie kann der Online-Shop ein fleißiger Vertriebsmitarbeiter sein?

Der Online-Shop ist für mich ein weiterer Vertriebsmitarbeiter, der 24 Stunden am Tag und sieben Tage die Woche für mich arbeitet. Deswegen ist es nur logisch, sich strategische Gedanken darüber zu machen, wie man diesen „Mitarbeiter" am besten einsetzt. Er soll die Vorteile des Unternehmens im Internet herausstellen. Das sind unter anderem die intensive Beratung und die Flexibilität, dass wir uns an die Kundenwünsche anpassen und nicht der Kunde sich an uns.

Deshalb, so glaube ich, wird es den menschlichen Vertrieb auch noch geben, wenn alles andere digital ist. Nur muss man herausfinden, wie man den Service von heute in Zukunft anbieten kann. Eine Möglichkeit könnten auch regionale Marktplätze sein wie in Wuppertal, wo lokale Händler eine gemeinsame Präsenz im Internet haben. Auch bei uns in Aschaffenburg wird diskutiert, ob ein regionaler Online-Marktplatz Sinn macht und wenn ja, in welcher Form.

Impulse kompakt

Für die Digitalisierung des Handels habe ich selbst noch nicht das Patentrezept entdeckt, aber ich werde mich auf alle Eventualitäten einstellen. Sind Sie bereits gerüstet?

#37

Von Start-ups lernen ist ein Geschenk
Top-Ideen zum Nulltarif

Leidenschaft und Einsatz begleiten meine Coachings, in denen ich mich neuen Ideen und Gründern zuwende und gleichzeitig selbst davon profitiere: durch handfeste Ideen, wie man sich heute am Markt behauptet. Start-ups brennen vor Leidenschaft und spiegeln uns häufig, wie Erfindergeist und Unternehmertum heute wirklich gehen.

Ich liebe es, Unternehmerin zu sein, und ich will Unternehmertum in die Welt tragen. Das ist mein Herzensthema. Deshalb coache ich seit Jahren Start-ups. Und sie coachen mich. Denn als Mentorin bekomme ich unzählige Ideen, wie ich meinen eigenen Betrieb, einen Betriebseinrichtungs- und Werkzeughandel, voranbringen kann. Die Märkte verändern sich heute in rasendem Tempo. Wer in diesen, sich rasch verändernden Märkten, nicht am Puls der Zeit bleibt, für den wird es schwer.

Das habe ich bisher von Start-ups lernen können:

1. Leute einstellen, die Lücken füllen

Start-ups handeln sehr mitarbeiterorientiert. Sie fragen sich: Welche Leute brauche ich, damit meine Idee funktioniert? Bei uns war das in der Vergangenheit anders. Wir sind ein Groß- und Außenhandelsunternehmen, und wen stellt man da ein? Richtig, Groß- und Außenhandelsleute. Das war ein Automatismus.

Heute frage ich mich, welche Fähigkeiten im Betrieb wirklich fehlen. Ich habe etwa einen E-Commerce-Manager eingestellt. Nicht lachen: Im traditionellen Handel ist das schon etwas „fancy". Damit meine ich nicht, dass wir einen Azubi hochgestuft haben, damit er E-Commerce macht. Wir haben einen externen Profi geholt, der sich mit den Themen richtig auskennt. Ich habe auch überlegt, ob wir in Zukunft Grafiker ausbilden, weil wir so viel Marketing machen. Momentan geben wir noch alles an eine Agentur raus.

2. Der Kunde ist König, aber die Mitarbeiter sind das Zentrum

Start-ups können oft nur schlecht zahlen. Daher sind sie besonders kreativ, wenn es darum geht, ihr Team zu motivieren. Da kann man sich als gestandener Unternehmer viel abgucken.

Ich habe zum Beispiel gelernt, Erfolge mit den Mitarbeitern zu feiern. Bei manchen Start-ups heult ja, wenn ein Ziel erreicht wurde, eine Sirene los. Das gibt es bei uns nicht. Aber Erfolge des Teams oder eines Einzelnen zu feiern und zu würdigen, ist auch ohne Konfettiregen schön.

3. Das Trial-and-Error-Prinzip

Start-ups probieren einfach aus. Das mache ich auch. Gerade bei Themen wie E-Commerce, Online-Werbung, Facebook-Marketing gibt es keine ewig gültigen Wahrheiten. Wir testen also, machen eine A/B-Probe: Gruppe A wird zum Beispiel mit dem einen Newsletter angesprochen, Gruppe B mit einem anderen. Aus welcher Gruppe kaufen am Ende mehr?

Das ist eine spannende Herangehensweise: ausprobieren, nachjustieren – und am Ende einen funktionierenden Weg finden.

4. Kill your darlings

Dazu gehört auch, Ideen loslassen zu können. Oft glaubt man ja, eine ganz tolle Idee zu haben. Und selbst wenn die ersten Zweifel kommen, ob das Geschäftsmodell oder die Marketingidee so funktionieren können, hält man daran fest – weil man von dem Einfall mal so begeistert war. Das machen Start-ups nicht. Die feilen entweder an der Idee solange herum, bis sie doch funktioniert – oder sie treten sie ohne Skrupel in die Tonne.

5. Die eigene Zielgruppe fit machen

Auch diesen Tipp habe ich von einem Gründer bekommen: „Du musst Deine Zielgruppe fit machen." Wir bieten heute zum Beispiel Handwerkerseminare an: „Fit für die Buchhaltung." Oder: „Marketing für Handwerker." Das sind Vorträge, mit denen unsere Kunden ihr Business voranbringen. Erstens profitiert man am Ende selbst, wenn das Geschäft der Kunden läuft. Und zweitens entsteht so eine ganz besondere Verbundenheit.

6. Segmentieren und gewinnen
Start-ups nutzen moderne Technik, um jeden Kunden genau da abzuholen, wo er ist. Sie überlegen sich für jede Zielgruppe einen passenden Marketing-Mix, etwa mit Facebook, Mail-Marketing und Anzeigen.

Das versuche ich auch, etwa bei unseren Newslettern. Früher haben alle Kunden den gleichen Newsletter bekommen. Heute schauen wir genau: Wer sitzt denn da am anderen Ende? Ist es der Chef, dann interessiert er sich für Personalführung, für neue Visionen und Ideen und ganz bestimmte Produkte, die ihm einen unternehmerischen Vorteil verschaffen. In unserem Fall sind das zum Beispiel Shadow-Boards, die Ordnung in die Werkstatt bringen und damit Suchzeiten verringern. Den Chef interessiert aber nicht, wie viel Ampere der neue Akkuschrauber hat. Das interessiert den, der das Werkzeug benutzt. Wir segmentieren also unsere Kundendatenbank, so bekommen die Leute die Themen, die sie auch spannend finden. Nur dann erreichen wir sie mit unserem Newsletter.

Sie wollen nun auch Mentor werden?

Mentoring macht Spaß. Es beglückt mich richtiggehend, wenn ich sehe, wie sich die Unternehmen entwickeln. Und man spricht mit Leuten, die Ideen auch umsetzen, das ist toll. Bevor Sie aber loslegen, noch ein paar Tipps.

In der Regel suchen sich die Gründer die Mentoren aus, nicht umgekehrt. Sie schauen, wer zu ihnen passt, wer für sie ein Vorbild sein kann.

Mischen Sie sich in die Szene. Das Start-up-Weekend findet zum Beispiel deutschlandweit statt. Sinn macht es auch, sich mit den Wirtschaftsjunioren zu vernetzen oder mit dem Bundesverband Deutsche Start-ups.

Überlegen Sie sich genau, in welcher Form Sie ein Mentoring anbieten wollen. Ich mache es meist so, dass ich mir einen Gründer, eine Geschäftsidee zwei, drei Stunden intensiv anschaue. Dabei gebe ich Feedback: Da ist ein Denkfehler, an der Stelle ist die Idee noch unausgegoren, da muss man die Zielgruppe genauer definieren, hier an der

Website arbeiten. Eine andere Möglichkeit ist es natürlich, einen Gründer über einen längeren Zeitraum zu begleiten.

Seien Sie Visionär und kein Zahlenfuchs. Mein Blick als Mentorin ist nicht zahlengerichtet. Für den Businessplan gibt es Industrie- und Handelskammern und Handwerkskammern, die machen das jeden Tag, die können das. Ich spreche mit den Gründern über die Erfahrungen als Unternehmer: Wie gehe ich mit Risiko um? Was erwartet mich, wenn ich Mitarbeiter habe? Welche Fähigkeiten sollten diese mitbringen?

Und zu guter Letzt: Das gibt es noch als Bonus

Wenn Sie noch nicht überzeugt sind, als Mentor Gründern unter die Arme zu greifen, dann habe ich noch einen Bonus:

Ich wurde gefragt, ob ich in Aschaffenburg am Dalberg-Gymnasium als Wirtschaftspatin bei den Juniorexperten mitmachen möchte. Da gründen Schüler Übungsfirmen, mit denen sie auch Gewinne erzielen müssen. Was für eine Gelegenheit, mit der nächsten Generation in Kontakt zu kommen! Ich erfahre: Woran denken sie? Was ist ihnen wichtig? Was sind ihre Sorgen? Wie würden sie eine Firma aufbauen? Ihre Ideen und Vorstellungen sind für mich ganz wertvoll. Auch, weil ich erfahre, wie sie in Zukunft arbeiten wollen.

Mit etwas Glück sind unter den Schülern auch ein paar Edelsteine, Leute, die querdenken können, die unternehmerisch handeln. Dann ist es wunderbar, wenn ich dadurch zu so einem jungen Menschen Kontakt aufbauen kann.

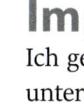

Impulse kompakt

Ich gebe mein Wissen und meine Erfahrung weiter und bekomme als Bonus unter Umständen einen Spitzenkandidaten. Also worauf warten Sie noch?

#38

Das Bürokratiemonster hat sich zum echten Segen entwickelt

Die Tücken neuer Verordnungen

Als Unternehmerin betrachtete ich die Datenschutz-Grundverordnung lange als Schrecken und Hindernis. Erst als ich mich mit ihr beschäftigte, entdeckte ich die Chance darin. Wie so oft sollte man Konflikte als Anlass nehmen, das Beste daraus zu machen. Können Sie sich noch an die Jahrtausendwende erinnern? Als niemand wusste, ob um Mitternacht alle Computer in die Luft fliegen oder die Welt nach 1999 überhaupt noch existieren würde? Tja, genauso habe ich mich noch bis vor einem Monat gefühlt. Die Tage vor dem 25. Mai 2018, dem Stichtag der Datenschutz-Grundverordnung (DSGVO), waren für mich ungefähr so aufregend und ungewiss wie der Jahreswechsel vor mehr als 21 Jahren. Vor allem aber war ich eins: absolut überfordert.

Aber der Reihe nach: Das erste Mal habe ich mich im Frühjahr 2018 mit der DSGVO beschäftigt. Der EU-Beschluss, den Datenschutz europaweit einheitlich zu regeln, existiert zwar schon seit zwei Jahren, so richtig auf dem Schirm hatte ich ihn aber erst, als die Deadline immer näher rückte. Es gab kaum mehr Veranstaltungen, Konferenzen oder Netzwerktreffen, auf denen nicht der DSGVO-Zeigefinger gehoben wurde und die Panik vieler Unternehmer wurde von Tag zu Tag spürbarer.

Panik ergriff mich leider auch. Je näher der Stichtag rückte, desto klarer wurde mir, dass ich dringend etwas tun musste. Angesichts drohender Bußgelder von bis zu 20 Millionen Euro, die für ein mittelständisches Unternehmen wie unseres das Aus bedeuten würden, und mit findigen Abmahnkanzleien im Hinterkopf, denen der kleinste Formfehler für eine Klage ausreichen würde, war ich absolut überfordert mit der Thematik. Auf meinem Schreibtisch lagen schließlich 88 Seiten fachchinesischer Rechtstexte mit 68 vorgeschriebenen Pflichten, die ich als Unternehmerin in Zukunft zu erfüllen hätte. Mein Terminkalender ließ mir keine andere Wahl: Ich brauchte Hilfe.

Ist teuer gleich besser?

Ein interner Datenschutzbeauftragter kam für uns allerdings schon allein aus Kosten-gründen nicht in Frage. Wir haben zwar Mitarbeiter, die sich, zumindest im weiteren Sinne, mit Datenschutz beschäftigen, aber die Verordnung verbietet es, Mitglieder der Geschäftsleitung oder Beschäftigte mit Interessenskonflikten zu DSGVO-Verant-wortlichen zu ernennen. Einen weiteren Mitarbeiter wollten wir ebenso wenig ein-stellen, weshalb ich mich relativ schnell nach einem externen Beauftragten umsah. Allerdings war ich ziemlich geschockt, als ich bemerkte, welche Preisspannen für solche Dienstleistungen aufgerufen werden. Zwischen 500 Euro und 15.000 Euro pro Tag war alles dabei. Wie entscheidet man da, wem man vertrauen kann und ob ein Beauftragter für kleines Geld genauso pflichtbewusst und sorgfältig arbeitet wie sein teurer Kollege? Schließlich geht es um die Existenz meiner Firma, da muss ich mich auf den Dienstleister verlassen können.

Am Ende war klar: Ich mache es selbst. Ich habe mich natürlich nicht selbst zum DSGVO-Beauftragten ernannt, das ginge ja schon rein rechtlich gar nicht, aber nach-dem mir meine Werbeagentur den entscheidenden Tipp gegeben und mich auf ein Do-it-yourself-Programm im Internet gestoßen hatte, war ich begeistert von der Idee, das Thema selbst in die Hand zu nehmen.

Das DSGVO-Monster entwickelte sich zu einem echten Segen

Ich investierte also 590 Euro für ein digital verwaltetes Handbuch mit jeder Menge Vorlagen aus dem Internet, die mich und mein Unternehmen optimal aufstellen soll-ten. Neben sämtlichen Vorlagen für datenschutzkonforme Prozesse, die ich in mei-nem Unternehmen implementieren musste, bekam ich auch einen externen Daten-schutzbeauftragten an die Hand sowie eine Gebrauchsanweisung mit Aufgaben, die ich bis zum 25. Mai umzusetzen hatte. Nach Priorität geordnet sah ich auf den ersten

Blick, welche Themen ich sofort angehen musste und welche erst später. Es fühlte sich so gut an, endlich einen Plan zu haben.

Die Änderung von Bestellverträgen, Verzeichnissen und die entsprechenden Anpassungen auf unserer Firmenhomepage bedeuteten allerdings auch einiges an Arbeit. Im Hinterkopf hatte ich dabei immer den Stichtag, der dummerweise auch mein erster Urlaubstag war. Es gab also gar keinen anderen Ausweg, als bis dahin alles auf die Kette zu bekommen.

Neben all dem Stress bemerkte ich allerdings auch ganz nette Nebeneffekte. So mauserte sich die DSGVO unerwartet zu einer kleinen Putzhilfe, die mich auf chaotische Datenwüsten im Unternehmen hinwies. Dank der Verordnung fing ich an, mir kritisch über Strukturen Gedanken zu machen, die sich seit Jahren festgefahren hatten. Jeden Tag durchforstete ich nun Ordner, überdachte Prozesse und nutzte den Anlass, um den angesammelten Datenwust zu ordnen und gegebenenfalls zu entsorgen. Parallel dazu absolvierten meine Mitarbeiter eine Online-Schulung, die sie auf die kommenden Änderungen vorbereiten sollte. Kurz vor dem 25. Mai 2018 war somit jeder selbst ein kleiner Datenschutzexperte.

Es ist großartig, nachts endlich wieder schlafen zu können

Für mich hat sich die DSGVO vom anfänglichen Bürokratiemonster zu einem sehr geeigneten Anlass entwickelt, um interne Abläufe endlich mal kritisch zu hinterfragen. Was schon immer so war, muss schließlich nicht immer so bleiben, doch die eigene Bequemlichkeit verleitet einen leider zu oft dazu, den Status quo beizubehalten. Besonders wertvoll dabei: das Gefühl, dieses wichtige Thema verstanden zu haben, und sich eben nicht auf jemand anderen verlassen zu müssen, von dem man nicht weiß, ob er die Verordnung rechtmäßig umsetzt. Denn am Ende ist es zu existenziell, als dass man es unhinterfragt an jemanden delegieren könnte.

Natürlich hat nicht jeder Unternehmer die Zeit, sich persönlich darum zu kümmern. Deswegen ist die DIY-Variante nicht für jede Firma optimal, aber gerade für kleinere Unternehmen wie unseres kann es hilfreich sein, sich als Chef selbst dahinterzuklemmen. Allen anderen rate ich: Tauschen Sie sich aus, reden Sie mit anderen über Ihre Erfahrungen und holen Sie sich Tipps von Firmen, die gute Lösungen gefunden haben. Wenn es zum Schluss auf einen externen oder internen Datenschutzbeauftragen hinausläuft: prima. Aber vergeuden Sie nicht die Chance, das Thema zu Ihrem eigenen zu machen und Ihre Geschäftsprozesse mal grundlegend zu hinterfragen!

Übrigens: Seitdem ich mich selbst um die Umsetzung der DSGVO kümmere, kann ich nachts endlich wieder gut schlafen. Das klingt übertrieben, aber mir als Unternehmerin hat das ganze Thema echt Sorgen bereitet. Vor allem aber habe ich gemerkt, dass die Welt nach dem 25. Mai 2018 nicht untergegangen ist – und ich kann alle weiteren Schritte ab sofort viel gelassener angehen.

Impulse kompakt

Interessieren Sie sich für das Thema DSGVO und Digitalisierung? Dann kann ich die Themen rund um die solutions.hamburg, den größten Digitalisierungskongress Deutschlands, empfehlen. Hochkarätige Speaker und Teilnehmer sprechen in mehreren hundert Vorträgen, Workshops und Netzwerkveranstaltungen über Strategien und Lösungen für Unternehmen im digitalen Wandel. Erleben Sie Digitalisierung in ihrer thematischen Breite und inhaltlichen Tiefe!

#39

Old vs. New Economy: was sie voneinander lernen können

Im Gespräch mit Anna Kaiser

Auf der „The Future Code"-Konferenz sprach ich zusammen mit der großartigen Anna Kaiser von Tandemploy in einem Panel, in dem unter anderem auch Cawa Younosi, Head of Human Resources Germany bei der SAP SE und SAP Deutschland sowie Mitglied der Geschäftsführung SAP Deutschland, vertreten war, zum Thema „Agiles Arbeiten – Wie wir in Zukunft arbeiten wollen!".

Annas Firma beschäftigt sich mit agilen Softwarelösungen, die Menschen für flexible Arbeits- und Kollaborationsformen sowie Wissenstransfer verbinden, und ist daher ein New-Economy-Beispiel. Ich habe mit meinem Familienunternehmen Werkzeug Weber meine Erfahrungen zum Thema Agiles Arbeiten geteilt. Nach der Diskussion unterhielten wir uns eine Weile, und es stellte sich für uns heraus, dass eine eindeutige Abgrenzung zwischen New und Old Economy nicht möglich ist. Danach entdeckten wir, dass wir beide XING-Insider sind, und haben das Gespräch fortgesetzt, welches wir hier gern mit euch teilen möchten.

New Economy? Das sind doch diese jungen Wilden?

Anna Kaiser: „New Economy" – das sind die jungen Wilden mit den Obstkörben und dem Kickertisch im Büro, die aber ansonsten total digital unterwegs sind.

Vanessa Weber: Und die „Old Economy" – das sind diese eingeschlafenen, verstaubten Firmen, die ohne neue Technologien oder Innovationskraft noch mit dem Faxgerät arbeiten. Ein Klischee pur. In Panels wird das Ganze begrifflich schon so getrennt, dass Welten dazwischen zu liegen scheinen.

Anna Kaiser: Pauschalierungen sind hier einfach fehl am Platz. Unternehmen sind nämlich Menschen. Menschen, die gestalten und vorantreiben. Daher sind es meistens die gleichen Herausforderungen oder Bedürfnisse, die Firmen haben. Die Unterscheidung zwischen „New" und „Old Economy" ist meiner Meinung nach überflüssig. Wir sind alle Teil eines Wirtschaftssystems. Mit Schubladendenken und Zuschreibungen ist niemandem geholfen.

Vanessa Weber: Es gibt Start-ups, die konservativ sind und es gibt Familienunternehmen wie meines, die sich mit innovativen Technologien und Führungsmethoden auseinandersetzen. Die Grenzen verschwimmen. Es gibt keine klare Abgrenzung zwischen Jung und Alt und wir können viel voneinander lernen.

Was können Jung und Alt voneinander lernen?

Vanessa Weber: Ich sehe einen großen Unterschied in der Außendarstellung von Gründerpersönlichkeiten. Bei Start-ups steht die Person oft viel mehr im Vordergrund, steht auf Bühnen und gibt Interviews. Da sollten sich kleine und mittelständische Unternehmen (KMU) eine Scheibe von abschneiden.

Anna Kaiser: Ja, es gibt da nur ein paar. Ich denke zum Beispiel an Götz Werner von DM, der sich auch sehr persönlich im Rampenlicht mit politischen Einstellungen geäußert hat. Das wäre tatsächlich mal interessant herauszufinden, ob der Erfolg dadurch größer wird. Bei Start-ups gibt es viel mehr Gründerpersönlichkeiten, die ihr „Warum" erklären und die für etwas stehen und kämpfen. Das zahlt natürlich unglaublich auf die Marke ein.

Vanessa Weber: Absolut. Das ist eine Frage der Glaubwürdigkeit. Natürlich wirken Unternehmen mit einem Gesicht und einer Geschichte dazu vertrauenswürdiger.

Anna Kaiser: Wenn man einmal nur auf das Alter schaut, zeigen Statistiken schon, dass der Altersdurchschnitt bei Start-ups jünger als bei KMU ist. Digitale Technologien werden bei den Digital Natives selbstverständlicher angenommen und weiterentwickelt. Die Innovationszyklen sind kürzer. Ich bin ein großer Fan von Diversität und denke, dass Jung von Alt viel lernen kann, aber genauso Alt von Jung.

Vanessa Weber: Ich glaube auch, dass Geschäftserfahrungen nicht unbedingt mit digitalen Entwicklungen verbunden sein müssen. Mit dem Alter hat man vielleicht einfach schon manche Prozesse durchlaufen und kann mit etwas mehr Ruhe überlegter an bestimmte Dinge herangehen. Zudem wird der Begriff „New Economy" oft mit digitaler Innovation gleichgesetzt, was für mich keinen Sinn ergibt. Auch KMU wie Werkzeug Weber setzen sich intensiv mit Virtual Reality oder 3D-Druck auseinander.

Versteckte Hierarchien?

Anna Kaiser: Ein weiteres interessantes Thema in der „Old/New Economy"-Debatte sind Hierarchien. Nach außen wirken Start-ups oft unglaublich agil und hierarchielos. Wenn man dann aber genauer hinschaut, findet man nicht selten versteckte, recht konservative Hierarchien.

Vanessa Weber: Die Frage ist aber auch, was man als Angestellter möchte. Menschen sehnen sich seit jeher nach Sicherheit. Manche brauchen ein Konstrukt mit klaren Verantwortlichkeiten und weniger Freiraum und andere brauchen alle möglichen Freiheiten. Das ist sehr individuell. Genau das ist aber ja auch was New Work ausmacht: Der Mensch selbst steht mehr im Fokus.

Anna Kaiser: Ich frage mich auch oft, warum der Begriff Hierarchie so negativ behaftet ist. In meiner Erfahrung schaffe ich mehr Freiräume für Teams je strukturierter und transparenter ich Regeln festlege. Ich sehe es eher als Hindernis, wenn keiner Verantwortung übernimmt. Ich glaube an wertschätzende Hierarchien.

Impulse kompakt

Wie sehen Sie das? Das Gespräch könnte man sicherlich noch vertiefen, oder? Sind Start-ups tatsächlich so innovativ und KMU so eingestaubt? Schaffen Hierarchien Freiheiten? Wie können „Old" und „New Economy" noch mehr voneinander lernen?

Gedanken

Unternehmergedanken

„Aus Sicht der Unternehmerin kann ich sagen, dass Disruptionen lehr- und hilfreich sind. Sie motivieren zu Höchstleistungen und neuen Perspektiven, die sich in ruhigen Gewässern vermutlich nicht gezeigt hätten."

Innovation im Familienunternehmen – geht das überhaupt? Die Werkzeugmarke Weber ist über Jahrzehnte gewachsen und steht für Fortschritt, der auch durch die Bande der Familie getragen wird. Wie anders muss ein Unternehmen wirklich sein, dass es sich als „anders in der Tradition" darstellt? Botschaft und Wirkung eines Unternehmens zeigen sich in jedem Gedanken, den ein Unternehmer hat. Manche Impulse kommen dabei im Stillen auf, andere gehen als Botschaften nach draußen und repräsentieren auch einen Teil meiner Familiengeschichte.

Unternehmergedanken umfassen alles, was das Wesen eines Unternehmens ausmacht. Im Grunde prägen sie sämtliche Entwicklungen, Erfolge und auch Rückschläge. Von Solidarität dem Team gegenüber, täglichen Herausforderungen, Hürden, Schattenseiten des Erfolgs bis zu Auszeichnungen sind die Gedanken eines Unternehmers auch das Handwerkszeug, das uns antreibt. Getrieben von Exklusivität, Besonderheit oder doch Kumpel von nebenan? Vom Moment der Gründung oder der Übernahme an sind Unternehmergedanken das, was das berühmte Zünglein an der Waage ist: Dreh- und Angelpunkt des täglichen Gewerks.

Ohne innere Veränderungsprozesse wäre es nicht möglich, Gedanken nach außen zu tragen und eine Markenbotschaft überhaupt zu definieren. Unternehmergedanken sind das, was die Werte zentral umfasst, ebenso aber auch die Führung des Personals oder auch die Qualität der Produkte. Wie viel Gewichtung individuell jeder der unzähligen Kategorien beimisst, hängt wohl von ebenso zahlreichen Faktoren ab. Marktgeschehen, wirtschaftliche Stabilität, Innovationen. Eins steht fest! Unternehmergedanken dürfen niemals verstummen!

„Eines Tages wirst du aufwachen
und keine Zeit mehr haben
für die Dinge, die du immer tun
wolltest. Tu sie jetzt!"

Paulo Coelho

#40

In jeder Krise steckt auch eine Chance!
„Ich habe auch Angst"

Wenn ich morgens aufwache, dauert es einen Moment, bis ich realisiere: Das war gar kein Albtraum. Die Corona-Pandemie und ihre wirtschaftlichen Auswirkungen sind unsere Realität. Und wir müssen damit irgendwie klarkommen. Als Unternehmerin schwankt meine Stimmung mehrmals am Tag zwischen Optimismus und Existenzangst. Einerseits frage ich mich: Gibt es meine Firma auch in einigen Monaten noch, wenn unsere Kunden schließen müssen? Andererseits sage ich mir: Wir müssen diese Krise auch als Chance betrachten.

Ich mache mir gerade viele Gedanken darüber, wie ich meine Mitarbeiter gesundheitlich schützen kann. Gleichzeitig muss ich dafür sorgen, dass sie ihre Jobs behalten. Ich bin für sie verantwortlich. Das Ziel muss sein, einen gesunden Mittelweg zu finden. Als Großhandel dürfen wir weiter arbeiten und unsere Firmenkunden mit Werkzeug versorgen. Das Ladengeschäft aber mussten wir schließen, Abholungen sind nach einer Terminvereinbarung per Telefon weiter möglich. Unsere Kunden halten wir über unsere Website auf dem Laufenden, wie wir aktuell für sie erreichbar sind.

Was jetzt wichtig ist

In den vergangenen Tagen haben sich für mich einige Leitsätze herauskristallisiert, die ich gern mit Ihnen teilen möchte:

1. Entscheide von Tag zu Tag
Gut möglich, dass ich heute eine Entscheidung treffe, die ich morgen schon wieder revidieren muss. Die Lage ändert sich momentan rasend schnell. Das muss ich als Führungskraft akzeptieren. Wichtig ist, trotzdem Entscheidungen zu treffen.

Ich habe direkt einen Antrag auf Kurzarbeit gestellt. Ich glaube zwar, dass wir den Monat noch gut abschließen werden. Aber ich will gewappnet sein für die Zeit danach. Wir sind abhängig davon, dass die Lieferketten der Industriewirtschaft weiter funktionieren. Und keiner weiß derzeit, was noch auf uns zukommen wird. Man braucht nur einen Blick nach Italien zu werfen, wo alle „nicht lebenswichtigen" Unternehmen schließen mussten.

2. Kommunikation ist jetzt alles

Ich sehe es gerade als meine wichtigste Aufgabe, offen mit meinen Mitarbeitern und Kunden zu kommunizieren. Ich schicke täglich Rundmails und Infos via Teams, im Zweifel aufs private Handy per WhatsApp, an meine Mitarbeiter und halte sie über alle aktuellen Entwicklungen auf dem Laufenden.

Ich habe auch entschieden, mir in den nächsten drei Monaten vorerst kein Gehalt auszuzahlen. Auch das habe ich meinen Mitarbeitern mitgeteilt. Ich will das alles jetzt ganz transparent halten.

Mir ist es wichtig, jetzt für mein Team da zu sein. Ich merke, dass der Redebedarf hoch ist, mein Telefon steht nicht still. Gleichzeitig ist mir bewusst: Für mein Unternehmen bin ich systemrelevant. Ich darf nicht krank werden. Auch hier gilt es, einen vernünftigen Mittelweg zu finden.

Momentan arbeite ich nicht komplett zu Hause, sondern auch in meinem Büro in der Firma. Wir haben hier viel Platz, jeder kann in einem separaten Raum sitzen und selbstverständlich halten wir uns an die Abstandsregeln und alle Vorgaben. Einige Mitarbeiter waren schon vor der Krise im Homeoffice, jetzt sind es fast alle.

3. Haltet zusammen

Es gibt mir viel Kraft zu merken, wie geschlossen mein Team hinter dem Unternehmen steht. Alle haben sofort ihren Kopf angeknipst und nach Lösungen gesucht – etwa, wie wir unseren Online-Shop verbessern können. Es bringt ja nichts, jetzt wie ein Kaninchen vor der Schlange zu sitzen. Wir müssen gemeinsam aktiv werden und versuchen, uns so gut wie möglich auf die neue Situation einzustellen.

Wofür ich meinem Team auch sehr dankbar bin: Alle haben die Kurzarbeit akzeptiert, ohne Diskussionen. Ich merke, wie sich jeder reinhängt und auch freiwillig Zugeständnisse macht, die mir jetzt helfen, das Unternehmen am Laufen zu halten. Das ist nicht selbstverständlich. Das macht mich unheimlich stolz!

Auch unsere Kunden helfen uns mit schnelleren Zahlungen oder weiteren Aufträgen. Toll, so etwas zu erfahren.

4. Schau auf das Positive

Es ist im Moment nicht einfach, aber ich versuche auch die Chancen zu sehen, die diese Ausnahmesituation uns bietet. Etwa, dass wir digitale Prozesse jetzt ganz schnell umsetzen. Wir haben zum Beispiel Microsoft Teams eingerichtet und machen Videokonferenzen. Das wollte ich schon immer machen. Und jetzt geht es gar nicht mehr anders.

Ein anderes Beispiel: Kürzlich hatten wir eine Kommunikationsschulung für alle geplant. Wir mussten sie absagen und haben uns stattdessen dafür entschieden, dass die Trainerin einzelne Video-Tutorials für uns aufnimmt. Die Schulung kann so viel zielgerichteter laufen, weil wir die Videos speziell auf die Azubis oder den Vertrieb ausrichten konnten. Jeder schaut die Videos, wann es ihm passt. Und nach einer Woche treffen wir uns online gemeinsam zu einem Zoom-Meeting, um Fragen zu beantworten.

Was mich auch positiv stimmt: Die Solidarität, die sich an so vielen Stellen zeigt. Infos fließen gerade unheimlich schnell, gute Ideen werden geteilt – in Verbänden, in Netzwerken, online. Das ist so wichtig. Ich versuche, meinen Teil dazu beizutragen, und teile zum Beispiel auf meiner Facebook-Seite alle cleveren Ideen, die mir jetzt begegnen. So wie das Hotel hier aus Aschaffenburg, das blitzschnell umgedacht hat und seine Zimmer zu günstigen Preisen als Homeoffice-Plätze anbietet.

5. Beschäftige dich mit deiner Angst

Wir werden gerade überflutet von Nachrichten. Vieles von dem, was einen über Facebook oder Twitter erreicht, ist toxisch. Ich merke, dass ich da sehr stark filtern muss, um gesund zu bleiben. All die Horrormeldungen erzeugen emotionalen Stress und schüren Ängste. Deswegen ist es wichtig, nur auf vertrauenswürdige Quellen und offizielle Kanäle zu hören – und zu allem anderen Abstand zu halten.

Auch als Führungskraft finde ich es vollkommen in Ordnung zu sagen: „Ich habe Angst." Aber ich versuche, diese Angst genau zu analysieren. Was davon ist Teil einer kollektiven Angst, die gerade von außen an mich herangetragen wird? Was ist meine eigene Angst? Welchen Anteil daran haben Sorgen, die ich mir um andere mache – um meine Eltern, um Angehörige von Risikogruppen?

Es hilft mir, das so genau wie möglich trennen zu können. Und ich versuche, die Angst von außen nicht an mich heranzulassen. Nur so kann ich eine gewisse Ruhe finden.

6. Denke um

In der Krise zeigen sich Störungen im System, die vorher nicht weiter aufgefallen sind. Wir merken zum Beispiel, dass wir uns bislang nicht genug um unsere Daten gekümmert haben. Jetzt geht es darum, Artikeldaten so schnell wie möglich nachzupflegen, um unseren Online-Shop noch besser zu machen. Auch einen Chat für oft gestellte Fragen im Online-Shop wollen wir in der Zeit einrichten.

Ein positiver Blick in die Zukunft

Ich gebe alles dafür, um aus dieser Krise gestärkt rauszugehen. Und hoffe, dass ich dabei nicht ausgeknockt werde, sondern mit einem blauen Auge davonkomme. Bei aller Angst: Uns bleibt nichts anderes übrig, als jetzt anzupacken. Es hat noch keinem geholfen, den Kopf in den Sand zu stecken.

Was mich in den vergangenen Tagen sehr berührt hat, war ein Beitrag des Zukunftsforschers Matthias Horx. Er macht sich Gedanken darüber, wie diese Krise unsere Gesellschaft und die Wirtschaft verändern wird. Und er wirft einen durchaus positiven Blick auf die Zeit nach Corona. Vor allem den Begriff der GLOKALisierung finde ich richtig und wichtig. Vielleicht macht euch dieser Ausblick auch Mut. Wir müssen uns darüber im Klaren sein: Unser Leben wird nicht mehr so sein wie vorher. Doch wenn wir jetzt alle zusammenstehen, unser Wissen teilen und fair miteinander umgehen, können wir auch in dieser neuen Realität bestehen.

Impulse kompakt

Ich wünsche Ihnen allen viel Kraft und Gesundheit in dieser schwierigen Zeit. Teilen Sie gerne Ideen in den Netzwerken – sich auszutauschen und gegenseitig zu unterstützen ist jetzt wichtiger denn je!

#41

Überraschender Schicksalsschlag
„Der Tod schafft Klarheit"

Nach dem plötzlichen Tod meiner Schwester kam die elementare Frage auf, was im Leben wirklich wichtig ist – und was aus meiner Firma würde, falls ich überraschend sterben würde. Dies sind für Menschen in meinem Alter vermutlich eher unübliche Gedanken, doch das Leben hat mich dazu gezwungen, hinzusehen und zu lernen.

Anfang Januar 2020 ist meine Schwester Byanka gestorben. Sie ist abends schlafen gegangen und am nächsten Morgen nicht mehr aufgewacht. Wahrscheinlich ein Herzinfarkt, sagen die Ärzte. Byanka wurde 49 Jahre alt.

Als ich von ihrem Tod erfuhr, fühlte ich mich, als wäre mir der Boden unter den Füßen weggerissen worden. Ich habe danach viel Zeit mit meiner Familie verbracht. Wir alle konnten es nicht fassen und können es noch immer nicht. Schließlich war meine Schwester kerngesund, noch Ende November hatte sie beim Arzt ihre Blutwerte kontrollieren lassen. Und doch ist sie nun fort und alles ist anders.

Nach Byankas Tod habe ich es mental 14 Tage lang nicht geschafft, in die Firma zu gehen. Auch für mein Team war ich kaum ansprechbar. Meine Mitarbeiter hatten das Geschäft perfekt im Griff. Dafür bin ich unendlich dankbar. Dafür, und auch für die große Anteilnahme und Unterstützung, die ich von ihnen erfahren habe.

Byankas Tod hat mir gezeigt, wie schnell und unerwartet das Leben zu Ende gehen kann. Und auch, wie schnell sich das Leben auf einen Schlag ändern kann. Mein Partner und ich haben Byankas Sohn Joshua bei uns aufgenommen. Für mich war das selbstverständlich – nicht nur, weil ich Joshuas Patentante bin, sondern auch, weil wir ein enges und liebevolles Verhältnis zueinander haben. Ich wurde also von einem Tag auf den anderen zur Erziehungsberechtigten eines 17-Jährigen. Das ist natürlich eine krasse Veränderung, aber ich freue mich auf die Aufgabe – und mit kaltem Wasser kann ich bekanntlich umgehen!

Ich habe in den vergangenen Wochen viel nachgedacht – über mich, mein Leben und den Tod. Diese Fragen haben mich besonders beschäftigt:

Was soll aus meiner Firma werden?

Wenn ich jetzt sterben würde: Was würde ich mir für meine Firma wünschen? Wer könnte sie weiterführen? Wie soll sie geführt werden? Mit all diesen Fragen hatte ich mich noch nie intensiv auseinandergesetzt. Warum auch, dachte ich bisher, ich bin doch erst 39 Jahre alt.

Ich möchte mich diesen Fragen nun stellen, denn damit stelle ich sicher, dass die Firma in meinem Sinne weitergeführt wird. Schließlich kann keiner wissen, was ich im Kopf habe. Sicher, es sind Fragen, die sich wohl niemand gern stellt. Und doch lohnt es sich für jeden Unternehmer, seine eigenen Antworten zu finden. Ausreden wie: „Ich bin topfit und alle anderen in meiner Familie sind steinalt geworden" gelten nicht.

In den nächsten Wochen will ich mein Testament verfassen, eine Patientenverfügung aufsetzen, meinen Angehörigen Wünsche für meine Beerdigung hinterlassen. Und ich werde mich hinsetzen und aufschreiben, was mit meiner Firma passieren soll. Ich habe mir darüber in den vergangenen Wochen schon viele Gedanken gemacht, doch ich brauche noch etwas Zeit, um alles innerlich zu sortieren und zu Papier zu bringen.

Auch ganz pragmatische Fragen sollte man klären: Ist in Notfällen jemand außer mir unterschriftsberechtigt? Hat jemand Zugriff auf die Konten des Unternehmens? Zumindest das ist in meiner Firma bereits geregelt.

Was ist mir wirklich wichtig?

Wenn das Leben zu Ende geht, wird keiner sagen: „Hätte ich mal mehr gearbeitet!" Das ist natürlich keine neue Erkenntnis. Und doch traf sie mich nach Byankas Tod mit großer Wucht.

Ich war zuletzt häufig bis zu 50 Stunden pro Woche in der Firma, obwohl ich kürzertreten wollte. Dazu kam noch die Zeit, die ich für meine Ehrenämter brauchte. Es gab Zeiten, da habe ich sogar noch deutlich mehr gearbeitet. Wenn ich nicht den ganzen Tag am Computer saß, hatte ich ein regelrecht schlechtes Gewissen. Damit soll nun definitiv Schluss sein. Arbeit ist nicht das Wichtigste im Leben.

Natürlich werde ich nun nicht alles hinter mir lassen und jahrelang um die Welt reisen – dafür liebe ich meine Firma viel zu sehr. Ich werde mir aber künftig erlauben, flexibler zu arbeiten: Auch mal später kommen, früher gehen oder bei schönem Wetter das Notebook im Garten aufklappen statt im Büro.

Ich weiß, dass diese Arbeitsweise für viele aus der älteren Generation undenkbar ist. Ich bin aber fest überzeugt, dass ich so effektiver arbeite. Dass Menschen den ganzen Tag ohne Pausen voll leistungsfähig sind, halte ich für eine Illusion. Und im Tagesgeschäft mische ich ohnehin schon lange nicht mehr mit. Meine Themen sind Personal, Strategie, Innovation und Marketing/Außenauftritt.

Um Ideen zu entwickeln, bringt es mir nichts, acht Stunden vorm PC zu hocken. Ich brauche Pausen und neuen Input. Es hilft mir, Vorträge zu hören, Bücher zu lesen, Hörbücher oder Podcasts zu hören, mich zu unterhalten. Und das, was dann in meinem Kopf entsteht, muss reifen. Das passiert häufig nicht, wenn ich angestrengt nachdenke, sondern in entspannter Atmosphäre, vielleicht beim Schwimmengehen, wenn ich im Wald Bäume pflanze oder wenn ich einfach in der Sonne sitze.

Meinem Team habe ich meinen Entschluss bereits mitgeteilt. Die sehen das ganz entspannt. „Ob du oben in deinem Büro sitzt oder bei dir zuhause bist, macht für mich keinen Unterschied. Wenn ich dich erreichen will, kann ich das so oder so – per Handy, Mail oder Whatsapp", sagte eine meiner Mitarbeiterinnen. Selbstverständlich bin ich telefonisch erreichbar und komme auch weiterhin jeden Tag in die Firma.

Stattdessen will ich häufiger Dinge tun, die mir gut tun. Und das, was ich mir vorgenommen habe, nicht weiter rausschieben, sondern wirklich machen. Schließlich hat schon der römische Kaiser und Philosoph Mark Aurel gesagt: „Man bereut nie, was man getan, sondern immer, was man nicht getan hat."

Zwar habe ich auch bisher schon nach diesem Grundsatz gelebt, ich will es aber künftig noch konsequenter tun.

Wenn ich mich mit jemandem streite, versuche ich, mich noch am selben Abend zu vertragen. Denn wer weiß, ob ich am nächsten Morgen noch die Gelegenheit dazu haben werde.

Der Tod bringt viel Leid mit sich, aber er bringt den Hinterbliebenen auch eine besondere Klarheit: Er hilft, Wichtiges von Unwichtigem zu trennen.

Impulse kompakt

Ein Verlust macht uns bewusst, dass unser Leben nun einmal endlich ist – und dass wir nicht so leben sollten, als hätten wir unendlich Zeit. Schaffen Sie sich Raum, Werte und Bewusstsein!

#42

Authentisch sein

Dürfen Unternehmer Schwäche zeigen?

Niemals Schwäche zeigen – das ist Quatsch. Diese Überzeugung lebe und praktiziere ich schon sehr lange. Mir selbst brachte ein offenes Geständnis viel positives Feedback ein – und ein Treffen mit einer der mächtigsten Frauen der Welt.

Ich staunte nicht schlecht, als ich die Einladung in meinem E-Mail-Postfach fand. „Dear Vanessa Weber", stand da, „we are very much looking forward to welcoming you to a Facebook Women's Brunch with Sheryl Sandberg". Moment mal – mit Sheryl Sandberg? Ja, DIE Sheryl Sandberg: Facebook-Geschäftsführerin, rechte Hand von Mark Zuckerberg und laut Forbes Magazine die siebtmächtigste Frau der Welt.

Dass ich mit ihr brunchen durfte, kam so: Ich hatte meinen letzten Blog-Beitrag auf XING geteilt. Silke Steffan von Facebook hatte ihn dort gelesen und mich daraufhin auf die Einladungsliste gesetzt.

Die Runde war handverlesen, sogar die Marketing-Chefin von Opel war dabei. Und ich, die Geschäftsführerin von Werkzeug Weber, einer Firma mit gerade mal 24 Mitarbeitern. Das Verrückteste daran: Ich war eingeladen worden wegen eines Blog-Beitrags, in dem ich Schwäche gezeigt hatte. In dem ich zugegeben hatte: „Ich fühle mich überfordert".

„Endlich sagt's mal jemand!"

Ich hatte echt ein bisschen Bammel, kurz bevor der Text erschien. Würde es abfällige Kommentare geben? Wenn ja: Wie sollte ich darauf reagieren? Und wie würden es meine Mitarbeiter finden, wenn sie lesen, dass ihre eigene Chefin auch nicht weiß, was in Sachen Digitalisierung der richtige Weg ist?

Wie sich herausstellte, war meine Sorge völlig unbegründet. So viel positives Feedback habe ich noch nie für einen Blog-Beitrag bekommen! So viele Kommentare, bei Facebook, bei impulse, dazu E-Mails und sogar lange Briefe. Viele schrieben: „Sie haben mir aus der Seele gesprochen" oder „Endlich sagt's mal jemand!" Das zeigt mir: Die Menschen mögen es, wenn jemand Klartext redet und nicht wie alle anderen eine Maske trägt. Diese aalglatte „Alles cool, ich hab' alles im Griff"-Maske. Und es macht mich stolz. Denn mit meinen Beiträgen will ich auch andere ermutigen, ehrlich und authentisch zu sein, zu sich zu stehen.

Sicherlich: Es verlangt Mut, Schwäche zu zeigen. Man muss sich zu diesem Schritt überwinden, denn schließlich weiß ich nicht: Was passiert, wenn ich das tue? Aber mutig sollte ohnehin jeder Unternehmer sein. Beherzt vorangehen muss man nicht nur am Anfang, wenn man ein Unternehmen gründet. Ständig stehen Entscheidungen von immenser Tragweite an, die möglichen Folgen lassen sich meist nicht überblicken. Hinzu kommt die Verantwortung für die Mitarbeiter und deren Familien, die sie mit ihrem Lohn ernähren. Feiglinge sind da fehl am Platze.

Manchmal frage ich mich: Was, wenn ich einen mutigen Schritt mache, der sich hinterher als falsch erweist? Doch dieses Risiko gehe ich ein – denn einen Fehler zu machen ist immer noch besser, als wenn ich untätig bleibe und das im Nachhinein bedauere.

Habt den Mut, über eure Niederlagen zu reden

Auch diesmal hat sich mein Mut für mich ausgezahlt. Der Tag mit Sheryl Sandberg war ein ganz besonderes Erlebnis. Sie hat sehr offen gesprochen – unter anderem über den Tod ihres Mannes und darüber, wie dieses Ereignis ihr Leben verändert hat. Es ging aber auch um Gender Equality und darum, dass Frauen ihr Licht viel zu oft unter den Scheffel stellen. Damit hat sie absolut recht, finde ich. Ich selbst will anderen Frauen oft zurufen: Erzählt, was ihr gut könnt, geht raus mit euren Botschaften! Wenn ihr nicht über eure Erfolge sprecht, wird es niemand tun. Jeder von euch hat tausend Geschichten erlebt. Ihr müsst nur den Mut haben, sie zu erzählen. Erzählt aber nicht nur eure Erfolgsgeschichten.

Impulse kompakt
Haben Sie auch den Mut, über Ihre Niederlagen, über Ihre Ängste zu reden. Sie werden überrascht sein, wie viele Chancen sich dadurch eröffnen.

#43

Plötzlich Management?
Was Firmennachfolger beachten sollten

Die Übernahme der Firma meiner Familie – ich erinnere mich noch ganz genau an den Tag: Mein Vater hatte mich in den Biergarten eingeladen. Wir saßen da, vor Hähnchen und Pommes, und plötzlich fragte er: „Vanessa, übernimmst Du die Firma – oder nicht?" Ich war 18 und habe direkt ja gesagt. Auch wenn man in das Thema des Familienunternehmens hineingeboren wird, sind die Herausforderungen an allen Ecken präsent.

Wirklich überraschend kam diese frühe Entscheidung für mich nicht. Schon alleine wegen unserer Firmenhistorie. Mein Großvater starb an einem Herzinfarkt – mit 45 Jahren. Darauf war keiner vorbereitet. Als mein Vater übernahm, war die Firma noch ganz klein. Die Betriebsräume umfassten nur 100 Quadratmeter, so viel wie eine Dreizimmerwohnung. Mein Vater hatte kurz zuvor einen schweren Mopedunfall gehabt. Er war immer noch angeschlagen, als es um die Entscheidung ging: Verkaufen oder weitermachen? Dennoch hat er die Firma übernommen – mit 17 Jahren, ohne zuvor getroffene Regelungen. Er hat sie nicht nur weitergeführt, er hat sie auch zu etwas Großem ausgebaut.

Mein Vater kämpft heute noch mit den Spätfolgen des Unfalls. Deshalb hatte er beschlossen, die Nachfolge lieber früher als später zu regeln. Das ist auch ein Tipp, den ich Unternehmern dringend ans Herz legen möchte: Die Nachfolge vorausschauend zu planen.

Praktikum als Entscheidungsgrundlage

Ein Praktikum im eigenen Betrieb ist dabei eine wichtige Entscheidungsgrundlage für Eltern – und Kinder. Bei mir war es genauso. Man sollte auf jeden Fall erst in den eigenen Betrieb reinschauen, bevor man sich noch woanders Eindrücke holt.

Potenzielle Nachfolger müssen testen, ob die Firma überhaupt etwas für sie ist – und sie müssen sehen, was da alles dranhängt.

Auch für die Eltern ist das wichtig. Es bringt nichts, auf Teufel komm raus darauf zu beharren, dass die Kinder durch Geburtsrecht automatisch die Unternehmensnachfolger sind. Das ist ein Fehler, der häufig gemacht wird. Unternehmer können ihren Kindern nicht einfach sagen, „du kannst das schon" – und dann gehen die Nachfolger sang und klanglos unter oder werden nicht akzeptiert.

Ausmaß der Entscheidung realisieren

Wer sich für den Einstieg in den Familienbetrieb entscheidet, muss sich über viele Dinge im Klaren sein. Allen voran: Das bedeutet Arbeit – richtig viel Arbeit.

Was die Leute oft vergessen: Erfolg hat nur, wer sich richtig reinhängt. Spitzensportler zum Beispiel trainieren jeden Tag. Erfolgreiche Menschen machen immer zehn Prozent mehr als andere – man sieht es nur von außen nicht. Wenn die Mitarbeiter spüren, dass man sich engagiert und wirklich dahintersteht – dann bekommt man auch ihren Respekt. Ich war immer die Erste, die kam, und die Letzte, die ging. Wer um neun erstmal zum Golfen geht und mehr im Urlaub als in der Firma ist, wird nicht respektiert. Das funktioniert nicht.

Auszeit gönnen

Ich bin sehr früh in unseren Betrieb eingestiegen und habe mir nicht die Zeit genommen, mich noch ein oder zwei Jahre auszuklinken. Ich wäre gerne noch ins Ausland oder in ein, zwei andere Firmen gegangen. Das würde ich heute unter Umständen anders machen. Nachfolgern rate ich deshalb, sich vor dem Start noch Zeit für sich selbst zu nehmen.

Gegenseitig Rückhalt geben

Es gibt einen schönen Spruch: „Wenn ich in die Fußstapfen anderer trete, kann ich keine eigenen Spuren hinterlassen." Kinder müssen nicht alles eins zu eins wie die Eltern machen. Auch in einem gut geführten Unternehmen kann man die eine oder andere Sache verbessern. Ich habe vieles anders als mein Vater gemacht. Offenheit ist bei diesem Punkt sehr wichtig – und auch der gegenseitige Rückhalt.

Unternehmer müssen Verantwortung an die Nachfolger übertragen. Denn wer selbst entscheiden kann, ist unglaublich motiviert. Kinder, die immer in Watte gepackt werden, lernen nichts. Sie müssen eigene Fehler machen dürfen.

Rat im Netzwerk suchen

Zwei weitere entscheidende Punkte bei der Nachfolge sind Weiterbildung und Netzwerkpflege. Seminare besuchen, und wenn es geht, sich einen Mentor nehmen. Ich bin im Betrieb aufgewachsen und habe im Krabbelstand neben dem Schreibtisch gestanden. Dann war ich plötzlich die Chefin von älteren Mitarbeitern, die mich früher als Baby auf dem Schoß hatten. Wie sollte ich damit umgehen? In meinem Netzwerk hatte ich viele Kontakte, die dieses Problem schon durchexerziert hatten. Das hat mir sehr geholfen.

Als Firmennachfolger sollte man einen Lebenspartner haben, der eine Stütze ist und nicht auch noch bremst. Denn was sich Jungunternehmer eingestehen müssen: Die Firma ist meistens am Anfang an erster Stelle und kostet sehr viel Zeit und Kraft. Das muss man ehrlicherweise so sagen. Anders funktioniert es nicht. Aber es lohnt sich.

Impulse kompakt

Mein Fazit: Ich kann die Selbständigkeit jedem nur empfehlen. Es ist schön, sein eigener Herr zu sein. Es ist schön, eine Firmentradition fortzuführen. Ich habe es nicht bereut.

#44

Neuanfang in uns selbst

Hab' ich mich jetzt selbst abgeschafft?

Neun Wochen lang war ich – leidenschaftliche Unternehmerin – auf Weltreise. Zurück im Betrieb warteten zum Wiedereinstieg einige Überraschungen auf mich. Singapur, Bali, Australien, Neuseeland, Tahiti, Hawaii, San Francisco – und zurück nach Aschaffenburg.

Mehr als zwei Monate war ich unterwegs, habe Länder in mehreren Zeitzonen bereist und sogar die Datumsgrenze im Pazifik überquert. Die Auszeit war gut geplant. Mitarbeiter, Kunden, Lieferanten, Familie, Freunde – alle wussten Bescheid. Die Aufgaben und Verantwortlichkeiten in der Firma waren verteilt, jeder konnte selbstständig arbeiten, es war klar kommuniziert: Ich bin nur in absoluten Notfällen erreichbar.

Meine Vorfreude auf die Reise war riesig. Es war aber auch wirklich Zeit für eine Arbeitspause. Über ein Jahr hatte ich mir nicht freigenommen, um den ganzen Urlaub am Stück nehmen zu können. Ich war oft gereizt gewesen, Kleinigkeiten konnten mich schon zur Weißglut bringen. Rückblickend glaube ich, dass ich kurz vor einem Burnout stand. Kurz vor der Reise habe ich nochmal alle Mitarbeiter versammelt, die letzten Fragen geklärt. Am wichtigsten war mir aber, mich bei allen zu bedanken, dass sie mir diesen Traumurlaub ermöglichen.

Wirklich abschalten ist gar nicht so leicht

Dann ging es endlich los. Und das Erstaunliche war: Trotz der vielen schönen Eindrücke war mir in den ersten zwei Wochen, in den Ruhepausen, immer wieder langweilig. Ich habe mich tatsächlich in mein E-Mail-Postfach eingeloggt. Ohne Grund, aus reiner Gewohnheit. Man meint ja immer, man sei unentbehrlich.

Aber im Postfach war nicht viel zu tun. Mein Vater und mein Bruder hatten den Zugang und leerten es nach Bearbeitung regelmäßig. Ich habe trotzdem sechsmal über mein Smartphone hineingeguckt, in 60 Tagen. Ich finde, ein noch ganz passabler Schnitt, und es war mehr aus Neugier als aus Sorge. Immerhin habe ich keine Nachricht bearbeitet und auch keine schwierige Anfrage gesehen. Allmählich habe ich mich entspannt, mir keine Sorgen mehr gemacht und mich zurückgelehnt, mit absolutem Vertrauen in alle zu Hause.

Der Urlaub konnte beginnen. Und natürlich ging er viel zu schnell vorbei. Unterwegs haben wir viele Weltreisende kennengelernt, die ein halbes Jahr unterwegs waren. Da habe ich richtig Lust bekommen, selbst zu verlängern. Aber das ging natürlich nicht und ich habe mich auf die Aufgaben zu Hause ja auch gefreut.

Vom Spielfeld auf die Trainerbank

Zurück in Aschaffenburg erwarteten mich dann aber doch einige Überraschungen. Das Erste, was mich sehr positiv überraschte: Mein Schreibtisch war komplett leer, genau wie ich ihn verlassen hatte. Bei den E-Mails war es dasselbe, es gab keine ungelesenen oder unbeantworteten Nachrichten. Sehr ungewohnt. Denn nach meinen bisherigen Urlauben, meist ein bis zwei Wochen, waren Tisch wie Postfach mit Dokumenten überladen. Jetzt war nichts da – ein komisches Gefühl, das muss ich zugeben.

Habe ich mich jetzt selbst abgeschafft? Bin ich überflüssig, wenn der Betrieb ohne mich auskommt? Diese Fragen stellte ich mir.

Auf den zweiten Blick war das alles aber gar nicht komisch. Es war genau richtig. Ich hatte alles richtig gemacht. Die Mitarbeiter arbeiteten selbstständiger als zuvor, gleichzeitig waren die Zahlen besser als im Vorjahr. Es hat sich eigentlich alles wunderbar ergeben – man muss nur loslassen können und sich neue Aufgaben suchen. In meinem Fall gibt es nun Freiraum für Themen, die ich mir lange gewünscht habe, die aber bisher im Tagesgeschäft untergegangen sind: Strategie, Personalführung, kreatives Marketing, eine neue Website.

Man könnte auch sagen: Ich bin vom Spielfeld auf die Trainerbank gewechselt. Ich schieße keine Tore mehr, habe nicht mehr diesen direkten Erfolg, einen Kunden gewonnen oder einen Auftrag abgeschlossen zu haben. Vielmehr befähige ich meine Mitarbeiter die Tore zu schießen, habe langfristige Erfolge. Aber natürlich kann ich nicht einfach aufs Feld rennen und mitspielen. Diese Zurückhaltung hat sich erst wie ein Rückschritt angefühlt. In Wirklichkeit ist es ein Schritt nach vorne. Ich kann das Spiel ja immer noch beeinflussen und gewinnen, nur von einer anderen Position aus und mit guten Spielern, die ich im Team habe.

Die ersten Stunden zurück im Betrieb

Die Ankunft war sehr stressfrei. Ich kam in der ruhigen Osterwoche zurück und habe bei den Besprechungen nur zugehört. Was ist passiert bisher, welche Themen sind aktuell, wo gab es Schwierigkeiten? Mit den Abteilungen habe ich danach einzelne Gespräche zum Stand der Dinge und den Zielen geführt. Das hat mir einen guten Überblick verschafft.

Lustig war, dass mir mein Computer-Passwort erstmal nicht einfiel. Das musste ich vor dem Urlaub ändern. Aber nach fünf Minuten war es wieder da. Auch die anderen Dinge waren schnell wieder präsent – nur dass ich jetzt anders mit ihnen umgehe.

Wobei mir die Reise geholfen hat

Die Reise hat mir richtig gutgetan. Ich bin viel beruhigter, mache mir nicht so viele Sorgen. Dazu kommt das Gefühl, einen besseren Überblick zu haben. Früher war ich in dem Hamsterrad, aus dem ich selten einen Fuß setzen konnte. Da wirkten die Probleme riesig. Jetzt stehe ich neben dem Hamsterrad, habe mehr einen Blick von außen. Plötzlich wirkt alles weniger dramatisch. Bei mir musste immer alles auf 200 Stundenkilometer gehen, alles sofort umgesetzt werden. Jetzt bin ich entspannter, habe ein bisschen mehr Aloha-Feeling. Ich gehe mit Bedacht an die Projekte heran, nehme mir Zeit dafür und mache nicht fünf Sachen gleichzeitig.

Darüber freue ich mich sehr. Aber das alles ist nur möglich, weil alle während meiner Abwesenheit an einem Strang gezogen haben. Dafür möchte ich mich bald mit einer großen Feier bedanken. Es sind alle Mitarbeiter und natürlich auch meine Familie, die einen großen Beitrag dazu geleistet hat, eingeladen. Ich möchte ein paar Urlaubsbilder zeigen und Gerichte meiner Reiseziele servieren. Vielleicht gibt es auch eine hawaiianische Hula-Aufführung. Dort hat es mir nämlich mit am besten gefallen. Und eine neue Reise? Die mache ich bestimmt. Nur sollten die Abstände dazwischen nicht mehr so lang sein.

Impulse kompakt
5 Tipps fürs Ankommen

Zuhören statt Aktionismus: Wie ist es den Mitarbeitern ergangen, was haben sie erlebt und zu erzählen? Fragen Sie in Ruhe nach, bevor Sie neue Aufgaben verteilen und sich voller Enthusiasmus große neue Ziele stecken.

Zurückhaltung: Großer Aktionismus ist nach einer längeren Pause vielleicht verlockend, aber bestimmt nicht angebracht. Deshalb besser nicht überall einmischen, sondern auch vertrauen. Es hat ohne mich funktioniert, und auch wenn ich wieder da bin, wird es das. Mitarbeitern Aufgaben wieder abzunehmen, die sie eine Zeit lang gut erfüllt haben, kommt nicht in Frage.

Dankbarkeit: Ich bin meinen Mitarbeitern und meiner Familie sehr dankbar, dass sie mir diese Auszeit ermöglicht haben. Ohne sie wäre es nicht gegangen. Lob und das Feiern von Erfolgen sind mir deshalb sehr wichtig.

Kritik vermeiden: Fehler passieren. Aber eine falsche Entscheidung ist besser als keine. Zum Beispiel wurde im Online-Shop etwas ausprobiert, was nicht gut funktioniert hat. Auch wenn man es selber nicht so gemacht hätte, bringt Kritik niemanden weiter. Im Gegenteil: Es würde sogar das Vertrauen der Mitarbeiter in ihre eigenen Fähigkeiten mindern.

Neue Aufgaben finden: Bloß nicht in alte Muster und das alte Arbeitsprogramm zurückfallen. Man muss sich etwas Zeit geben, um neue Aufgaben und Ziele zu finden. Aber nach ein paar Tagen ergibt sich das von selbst.

#45

Auszeit nehmen – darf ich das?

Ich bin dann mal weg!

Geht das? Neun Wochen das Unternehmen alleine lassen? Es hat lange gedauert, aber als Chefin traue ich mich: Ich gehe auf Weltreise! Unternehmer brauchen auch mal eine Pause. Klar! Aber sie nehmen sie sich viel zu selten. Als ich in den Betrieb eingestiegen bin, habe ich die ersten drei Jahre überhaupt keinen Urlaub genommen. Stattdessen wurde mir auch in Seminaren oft gesagt: Man muss auf sich selbst aufpassen. Natürlich, das klingt gut, aber wie organisiert man eine Auszeit vom Unternehmen?

Seit einigen Jahren versuche ich, immer weniger „im" als „am" Unternehmen zu arbeiten. Als Führungskraft und Chefin möchte ich mehr für meine Mitarbeiter da sein, ihnen beim Wachsen helfen, an Strategien arbeiten. Ich möchte dadurch auch erreichen, dass die Mitarbeiter Sicherheit haben, wenn ich weg bin.

Und damit meine ich nicht einen zweiwöchigen Urlaub, sondern eine richtige Auszeit. Neun Wochen haben mein Partner und ich uns vorgenommen. Mit dem Schiff von Singapur nach Australien und Neuseeland, dann weiter über Hawaii nach San Francisco.

Wichtige Vorbereitungen für die Reise

Der Gedanke zu dieser Reise ist wie folgt gereift: Mein Onkel und meine Tante sind leidenschaftlich gerne mit dem Wohnmobil verreist – und haben ihr Leben lang bis zur Rente all ihr Geld gespart, um sich ein eigenes Wohnmobil zu kaufen, um im Rentenalter nur noch auf Reisen zu sein. Drei Monate, nachdem mein Onkel in Rente gegangen ist, ist er leider an Krebs erkrankt und nach weiteren drei Monaten bereits gestorben. Sein neues Wohnmobil hatte er zwar ausgesucht und bestellt – doch sehen, geschweige denn nutzen konnte er es nicht mehr...

Und so starten wir am 17. Januar in den Urlaub. Die Reise haben wir lange im Voraus geplant. Und auch meine Mitarbeiter habe ich früh informiert. Vor einem halben Jahr habe ich ihnen von meinen Plänen erzählt. Negative Reaktionen gab es keine, positiver Zuspruch kam vor allem von den langjährigen Mitarbeitern. Aber natürlich gab es auch Zweifel: „Oh Gott, wie soll das ohne dich funktionieren?"

Diese Ängste wollte ich ihnen im letzten halben Jahr nehmen. Da reichte es nicht zu sagen: „Schau mal, du bist jeden Tag in deinem Prozess und hast keine Schwierigkeiten, warum sollte das anders sein, wenn ich mal nicht da bin?" Stattdessen habe ich mir mehrere Punkte überlegt, um die Reise gut vorzubereiten:

Der Notfallplan

In einem Notfallplan habe ich festgelegt, was in bestimmten Fällen zu tun ist. Welche Probleme könnten auftreten, wenn ich nicht da bin? Daraufhin wurden Verantwortlichkeiten verteilt und Mitarbeiter als Vertretungen für bestimmte Positionen ausgewählt. So wissen alle, an wen sie sich wenden müssen. Diesen Plan habe ich an alle verteilt. Meinem Bruder habe ich eine Vollmacht für Personalfragen gegeben. Die Jahresgespräche habe ich mit allen Mitarbeitern vorab geführt beziehungsweise führe sie vor meiner Abreise noch. Mit unsicheren Kollegen habe ich mich zusammengesetzt und detailliert Fragen nach dem Schema „Wie würde Vanessa entscheiden?" besprochen.

Die Kommunikation

Mir war es sehr wichtig, meinen Mitarbeitern die Reisepläne frühzeitig mitzuteilen. So konnten sie sich in Ruhe Gedanken machen und sich bei Fragen an mich wenden. Das war auch für mich hilfreich, denn ich plante ja auch zum ersten Mal eine lange Auszeit. Des Weiteren ist es mir wichtig, offen zu kommunizieren. Meine Reiseroute habe ich sogar auf Facebook gepostet. Das ist ja kein Geheimnis.

Das schlechte Gewissen

Es gab auch Reaktionen wie: „Was sollen denn die anderen denken?" Aber ehrlich gesagt, ist es mir nicht wichtig, was andere darüber denken. Wichtiger ist, wie ich darüber denke und was mir guttut. Und ich habe es mir verdient: In den vergangenen Jahren gab es schließlich genug Entbehrungen. Ich bin jetzt 35, aber seitdem ich mit

18 Jahren Nachfolgerin im elterlichen Betrieb wurde, habe ich keinen längeren Urlaub mehr gemacht. Ja, es gibt eine Neidkultur in Deutschland. Das ist im Grunde sehr schade. Aber das Gute daran: Auch Neid muss man sich hart erarbeiten. Immer wenn in mir mal das Neidgefühl hochkommt, denke ich: „Ich gönne es dem anderen!" Dann ist das Gefühl meist weg.

Die Kontaktmöglichkeit

In den neun Wochen wollte ich Abstand von der Firma gewinnen und keine E-Mails lesen. Was kann ich schon tun, von der anderen Seite der Welt aus. Und vielleicht ärgere ich mich den ganzen Tag über eine Nachricht, die ich gelesen habe. Wer kennt das nicht? Das wäre wirklich Zeitverschwendung!

Aber im Notfall wäre es trotzdem gut, erreichbar zu sein. Nur wie? Ein Bekannter, der selbst länger unterwegs war, hat mir einen guten Tipp gegeben: nur eine Faxnummer für dringende Nachrichten hinterlegen. Der Vorteil der Faxnummer: Durch den hohen Aufwand, ein Fax zu verschicken, ist die Hemmschwelle viel höher als bei einer E-Mail. Das wollte ich auch ausprobieren. Mein Postfach war umgeleitet und wurde natürlich bearbeitet

Warum jetzt der perfekte Zeitpunkt ist

Wenn nicht jetzt, wann dann? Diese Frage habe ich mir bei meiner Entscheidung für die Reise auch gestellt. Schließlich gibt es viele Gründe, die dafür sprechen: Meine Eltern sind noch im Betrieb, mein Bruder ist ebenfalls an Bord und gut im Thema, es gibt noch keine Kinder. Ich bin noch jung und gesund, kann alles machen. Ich habe viel länger etwas von meinen Erinnerungen an die Reise, wenn ich diese in jungen Jahren unternehme. Und warum sollte man eine Aktivreise auf die Rente verschieben? Wie eingangs erwähnt, kann es auch schnell zu spät sein...

Aber ohne meine Familie und meine Mitarbeiter würde ein solches Sabbatical natürlich unmöglich. Sie unterstützen mich alle sehr und dank ihres Rückhalts hatte ich ein wirklich gutes Gefühl vor der Abreise. Ich werde viel Neues auf dieser Schiffsreise kennenlernen und mal einen anderen Blickwinkel auf viele Dinge bekommen, dachte ich mir. Das wird auch für die Firma von Vorteil sein. Ich werde erholt und mit vollem Akku wieder zurückkommen und den Kopf frei für neue Ideen und Strategien haben.

Impulse kompakt

Und? Auf was warten Sie? Was hindert Sie WIRKLICH daran, Ihre Träume zu leben? Oder sind es am Ende nur Ausreden?

#46

Unkonventionelle Lösungen
„Manchmal muss man ‚out of the box' denken"

Wie kann sich die Firma finanziell Luft verschaffen, wenn Investitionen das Ergebnis drücken? Dieser Frage musste ich mich stellen und es zeigte sich eine unkonventionelle Lösung. Theoretisch weiß ich, wie es geht – gute Zahlen, optimale Abläufe, ein solides Arbeiten. Natürlich sind die Prozesse nach zwei Jahrzehnten in Fleisch und Blut übergegangen und dennoch warten auch auf mich Umstellungen und neue Herausforderungen.

Jeden Monat setzen wir uns zusammen und schauen gemeinsam auf die Zahlen: mein Steuerberater, mein Vertriebsleiter, Prokurist Robert Waade und ich. Seit ein paar Monaten schaut mein Steuerberater bei diesen Terminen etwas sorgenvoll drein. Mein Unternehmen Werkzeug Weber steht auf dem Papier nicht ganz so gut da, wie ich mir das wünschen würde.

Sorgen macht mir das keine, denn ich weiß, wie die Zahlen zustande kommen. Ich hatte 2017 entschieden, mich mit der Firma aus dem E-Commerce für Endkunden zurückzuziehen – der Konkurrenzdruck war einfach zu heftig. Ein kleines Familienunternehmen wie Werkzeug Weber hat es schwer, gegen die Online-Riesen zu bestehen. Stattdessen setzen wir nun mehr auf unsere Dienstleistungen und beratungsintensive Produkte, etwa die Zerspanung, und auf den Mitarbeiter vor Ort. So können wir uns klar vom reinen Online-Händler differenzieren.

Damit dieser Strategieschwenk gelingen konnte, musste ich investieren, vor allem in neue Leute. Die neuen Geschäftsfelder entwickeln sich gut. In den letzten Monaten sind unsere Vertriebsergebnisse regelrecht durch die Decke geschossen. Das habe ich nicht zuletzt meinem Vertriebsleiter Robert zu verdanken, der die Strategie mit mir auf den Weg gebracht hat und zusammen mit unserem Team konsequent weiterverfolgt und umsetzt.

Dennoch: Bis sich meine Investitionen gerechnet haben, muss ich noch etwas Geduld aufbringen.

Welcher Unternehmer will schon jemanden auf die Straße setzen?

Mir war gleich klar: Ich will nicht Gefahr laufen, in ein Negativergebnis zu rauschen – ich will auf stabilen Füßen stehen. Also haben wir darüber beraten, wie wir gegensteuern können. An der Kostenschraube drehen? Da hatten wir keine Ideen. Wir sind ohnehin schon sehr effizient unterwegs. Einen Kredit aufnehmen, um mehr Außendienstler einstellen zu können und so den Vertrieb anzukurbeln? Diese Idee meines Vertriebsleiters habe ich gleich verworfen. Mir als Inhaberin ist es wichtig, dass das Unternehmen eigenfinanziert bleibt.

Also doch, einen oder gar mehrere Mitarbeiter entlassen? Ich weiß natürlich: Manchmal müssen Unternehmer Entscheidungen treffen, mit denen einzelne nicht glücklich sind, die aber nötig sind, damit es allen anderen im Betrieb auch in Zukunft gutgeht. Dennoch waren Entlassungen für mich keine Option. Ich will niemanden auf die Straße setzen. Welcher Unternehmer will das schon?

Als wären alle Mosaiksteinchen an ihren Platz gefallen

In dieser Situation bekam ich einen Anruf von meinem guten Bekannten Matthias. Er hatte meinen heutigen Vertriebsleiter Robert und mich damals einander vorgestellt. Nun wollte er sich Robert gern ausleihen, denn in seiner Unternehmensberatung fehlte ein zusätzlicher Berater.

Als diese Idee auf dem Tisch lag, war es so, als wären mit einem Mal alle Mosaiksteinchen an ihren Platz gefallen. Die Lösung lag auf der Hand: Robert, mein Vertriebsleiter, würde künftig drei Tage die Woche in Teilzeit für mich arbeiten. Daneben würde er freiberuflich Matthias in seiner Unternehmensberatung unterstützen.

Eine gute Lösung für uns alle

Eine unkonventionelle Idee, sicherlich – eine Führungskraft in Teilzeit. Aber manchmal muss man einfach „out of the box" denken. Und eine zweite Führungsebene ist in einem Unternehmen unserer Größenordnung ohnehin eher unüblich. Wir jedenfalls sind überzeugt: Das ist für uns alle eine gute Lösung.

Robert möchte ohnehin gern etwas flexibler arbeiten. Er wünscht sich mehr Zeit für die Familie. Matthias freut sich, weil er Roberts Erfahrung im Vertrieb nutzen kann. Die beiden hatten sich ohnehin schon darüber ausgetauscht, wie eine Zusammenarbeit möglich sein könnte. Mein Steuerberater muss künftig nicht mehr so sorgenvoll dreinschauen. Und ich? Ich schone das Unternehmenskonto und muss trotzdem nicht auf Robert verzichten. Das war mir sehr wichtig. Schließlich ist er nicht nur zu einer wichtigen Bezugsperson mich und für meine Mitarbeiter geworden, er verschafft auch mir wertvolle Freiräume. So kann ich beispielsweise viel unterwegs sein und davon wiederum profitiert die Firma: Von jeder Tagung, von jedem Vortrag bringe ich neue Ideen und Kontakte mit.

Und wenn es doch nicht klappt?

Als Berater wird Robert auch andere Unternehmen in meiner Branche mit seinem Vertriebs-Know-how unterstützen. Für mich ist das kein Problem. Ich finde ohnehin, wir „Kleinen" sollten mehr zusammenhalten. Außerdem vertraue ich ihm. Er würde nichts tun, was Werkzeug Weber schaden könnte!

Sicher wird er an den Tagen fehlen, an denen er nicht da ist. Aber da alle im Team wissen, wann er künftig arbeitet, können wir entsprechend planen. Ohnehin ist er hauptsächlich administrativ tätig, tagesaktuelle To-dos landen nur selten auf seinem Tisch. Und falls es wirklich mal brennen sollte im Betrieb, wäre er notfalls über E-Mail und Handy erreichbar, das haben wir besprochen.

Impulse kompakt

Und wenn wir nach einer Weile merken, es klappt doch nicht? Dann werden wir darüber reden. Im Moment mache ich mir dazu aber keine Gedanken. Ich freue mich einfach über diese gute Lösung, von der hoffentlich alle profitieren. Unser Team hat die Idee auch sehr positiv aufgenommen. Darüber sind wir sehr froh!

#47

Erfolge feiern
Dieses Ritual motiviert jeden Tag aufs Neue

Meiner tiefen Überzeugung nach ist Erfolg eine Frage der inneren Einstellung. Um meine persönlichen Erfolge gebührend wertzuschätzen, habe ich ein tägliches Ritual etabliert. Wer auf Dauer die eigenen Prozesse und Leistungen nicht selbst wertschätzt, wird ausbrennen und an den immer neuen Zielen scheitern. Sicherlich wollen, sollen und dürfen wir wachsen, aber bitte immer mit dem Blick auf die eigenen Erfolge.

Ich war gerade mal 18, als ich Werkzeug Weber von meinem Vater übernahm. Mir war klar: Wer sich als junges Mädel in einer Männerbranche durchsetzen will, braucht Selbstbewusstsein. Und das wächst – na klar! – indem man sich vor Augen hält, was man im Leben erreicht hat. Also begann ich, ein Erfolgsbuch zu führen, die Idee hatte ich in einem Business-Hörbuch von Bodo Schäfer aufgeschnappt. Sie kennen das vielleicht aus seinem Buch „Der Weg zur finanziellen Freiheit". Jeden Abend vor dem Schlafengehen notierte ich die Antworten auf folgende Fragen:

Was ist mir heute gut gelungen? Was war ein Erfolg?
Was hat mich heute glücklich gemacht? Wofür bin ich besonders dankbar?
Was ist mein Ziel für den kommenden Tag?
Anfangs saß ich manchmal lange vor einem leeren Blatt. Doch mit der Zeit fiel es mir immer leichter. Und irgendwann merkte ich: Das Schreiben setzt neue Energie in mir frei. Ich bin stolz auf das, was ich erreicht habe. Ich bin dankbarer und glücklicher.

Nach zwei Jahren hatte sich meine Einstellung zu mir und meiner Arbeit durch das Erfolgsbuch radikal geändert. Ich brauchte es nicht mehr, hörte auf zu schreiben und blätterte nur noch ab und zu in den alten Aufzeichnungen.

Vor ein paar Wochen habe ich mich mit einem sehr guten Freund darüber unterhalten. Er ist alleinerziehender Vater und mit seinen Kindern, zehn und zwölf Jahre alt, oft bei uns zu Besuch. Die beiden Kinder waren sofort Feuer und Flamme für die Idee. Also habe ich ihnen in der Buchhandlung hübsche Notizbücher ausgesucht – und los ging es. Die Kinder erzählen mir täglich freudestrahlend, wie viel Spaß es ihnen macht, die schönen Erlebnisse aufzuschreiben. Ihre gesetzten Ziele haben sie sogar schon übertroffen. Zum Beispiel war das Ziel für eine Schulaufgabe die Note Drei – am Ende wurde es eine Eins. Ihre Begeisterung hat mich motiviert, selbst wieder ein Erfolgsbuch zu schreiben.

Das schreibe ich in mein Erfolgsbuch:

Erfolge

Ich notiere jeden Abend drei Dinge, die mir an diesem Tag gelungen sind. Ein solcher Erfolg könnte beispielsweise sein: „Heute habe ich ein schwieriges Kundengespräch gut gemeistert." Oder: „Heute habe ich einen Mitarbeiter in seinen Stärken stärken können."

Natürlich ziehe ich nicht jeden Tag einen neuen Großauftrag an Land. Und ja, es gibt sie, die Tage, an denen einfach alles schiefzugehen scheint. Aber mit ein bisschen Nachdenken fällt mir selbst nach einem Tag der Pleiten, Pech und Pannen, ein kleiner Erfolg ein – und sei es nur: „Heute habe ich es pünktlich und ohne Unfall in die Firma geschafft."

Dankbarkeit

Außerdem schreibe ich jeden Abend drei Dinge auf, für die ich dankbar bin. Manchmal beziehe ich mich dabei auf etwas, das an dem Tag passiert ist: „Ich bin dankbar, dass mein Partner einkaufen gegangen ist und mich dadurch entlastet." An anderen Tagen werde ich etwas grundsätzlicher: „Ich bin dankbar, dass ich morgens gesund aufstehen kann."

Ziel

Jeden Abend setze ich mir ein Ziel für den kommenden Tag. Es kann ein berufliches Ziel sein, etwa: „Morgen werde ich den Vertrag mit Zulieferer ABC durcharbeiten" oder „Morgen werde ich den Kunden XY anrufen und das Reklamationsgespräch führen." Manchmal ist es aber auch mal ein privates Ziel. Zum Beispiel: „Morgen nehme ich mir Zeit zum Frühstücken" oder „Morgen mache ich jemandem, den ich nicht kenne, ein Kompliment."

Mehr zum Thema Journaling:
Schreiben für mehr Fokus und weniger Stress

Das bringt mir mein Erfolgsbuch

Durch mein Erfolgsbuch erscheint mir der Tag in einem ganz anderen Licht. Dinge, die ich sonst als selbstverständlich hingenommen hätte, werden mir viel bewusster. Ich nehme wahr, was ich erreicht habe und wie gut es mir geht. Natürlich weiß ich, dass diese positiven Gedanken kurz vorm Schlafengehen all die schlechten Dinge nicht verschwinden lassen. Doch sie bescheren mir schönere und ruhigere Nächte – ganz ohne Sorgen und ohne Gedankenkarussell.

Das Tagesziel schon am Vorabend festzulegen, hilft mir, mich zu fokussieren. Am Abend des nächsten Tages schaue ich mir das Ziel dann noch einmal an und hake es ab. Das finde ich sehr befriedigend. Habe ich es nicht erreicht – manche unangenehmen Dinge schiebt man ja gern mal vor sich her – dann kommt es am nächsten Tag noch mal auf die Liste.

Auf dem Umschlag meines Erfolgsbuchs ist übrigens eine Fee abgebildet. Ein bisschen kitschig? Kann schon sein. Aber in gewisser Weise ist das Buch für mich wie eine gute Fee: Es lässt Wünsche wahr werden.

Meine Tipps für ein Erfolgsbuch

Fokus mit Bedacht wählen!
Meine drei Fragen drehen sich um Erfolge, Dankbarkeit und Ziele. Sie können sich aber auch nur eine davon für ihr Erfolgsbuch herauspicken – oder sich eine ganz andere Frage überlegen, je nachdem, wofür Sie das eigene Bewusstsein schärfen wollen. Mögliche Fragen könnten zum Beispiel auch sein: „Was habe ich mir heute gegönnt?", „Was habe ich heute gelernt?" oder „Was möchte ich morgen erleben?"

Ich selbst schreibe in meinem Erfolgsbuch über Geschäftliches ebenso wie über Privates. Es kann aber jeder für sich selbst entscheiden, ob er das ebenfalls tun will oder sich lieber auf eines beschränkt. Auch hier steht wieder die Frage im Mittelpunkt: In welchem Bereich meines Lebens möchte ich etwas ändern?

Dranbleiben!

Fünf Minuten, vielleicht zehn – mehr Zeit brauche ich heute nicht mehr für mein Erfolgsbuch. Aber anfangs ist es ungewohnt, den Tag auf diese Weise bewusst zu reflektieren. Auch mir fiel nicht immer gleich etwas ein, das mir aufschreibenswert erschien. Gerade am Anfang ist es aber wichtig durchzuhalten. Man sagt ja, nach 21 Wiederholungen wird etwas zur Gewohnheit. Das Schreiben muss zur Routine werden – wie Zähneputzen!

Geduld haben!

Sie können sich nicht einfach vornehmen: Ich will selbstsicher und positiv durchs Leben gehen. Das funktioniert nicht! Und Sie sollten auch nicht erwarten, dass Ihr Mindset schon nach dem ersten Eintrag ins Erfolgsbuch auf Erfolg gepolt wird. Drei, vier Monate hat es bei mir schon gedauert, bis ich zum ersten Mal bemerkt habe: „Wow, in dir drin hat sich wirklich was geändert!"

Flexibel sein!

Als ich mit meinem Erfolgsbuch begonnen habe, habe ich täglich fünf Dinge aufgeschrieben, für die ich dankbar bin. Ich habe dann aber gemerkt, dass mir das zu viel ist, also habe ich auf drei reduziert. Wenn mir aber mal mehr Punkte einfallen, schreibe ich sie einfach auf. Ich finde, man darf da nicht dogmatisch sein.

Impulse kompakt

Nun wünsche ich viel Spaß und Freude bei der Umsetzung!
Fallen Ihnen noch andere Möglichkeiten ein?

#48

In das Motivationsloch falle auch ich!

„Mein Akku ist total leer"

Dynamisch, kommunikativ, immer vorn dabei – dieses Unternehmer-klischee eilt mir voraus. Doch auch ich stecke als Chefin von Werkzeug Weber mal im Motivationsloch. Ein Erfahrungsbericht.

Kürzlich auf einer Konferenz: Ich begrüße Bekannte aus dem Geschäftsleben, und unvermeidlich kommt die Frage: „Wie geht's dir?" Was also antworten? So wie immer: „Dankeschön, alles bestens, und bei dir?" Oder sollte ich besser ehrlich sagen, wie es mir wirklich geht? Was mich beschäftigt, welche Sorgen und Zweifel mich derzeit als Unternehmerin begleiten? Kürzlich entschied ich mich für Letzteres. Ich antwortete einfach: „Ich stecke in einem Motivationsloch."

Das war gar nicht so einfach. Lange habe ich nicht über dieses Motivationsloch gesprochen. Ich hatte Angst, dass mir meine Offenheit als Schwäche ausgelegt werden könnte. Ich wollte und will immer ein starkes Vorbild für andere sein. Mit dem Ergebnis: Die Motivation wurde nicht besser – im Gegenteil. Ich fühlte mich immer einsamer.

In Betrieben ohne Personalmanager hängt alles am Chef

Während man als Unternehmer heutzutage Tausende Tipps bekommt, wie man Mitarbeiter führen, loben und motivieren soll, finden sich diese Themen selten für den Chef. Dabei würde ich mich auch ab und zu über einen Schulterklopfer von einem Mitarbeiter freuen. Denn: Mein Akku ist total leer. Woran das liegt? Es gibt viele Gründe. Ich habe etwa den Ehrgeiz, eine gute Chefin zu sein. Und Führung ist anstrengender geworden als früher. Man setzt sich mehr mit den Mitarbeitern auseinander, statt von oben herab Befehle zu erteilen.

Man befreit sich aus dem Tagesgeschäft, um mehr Zeit für Mitarbeitergespräche zu haben und für ein gutes Betriebsklima zu sorgen. In kleinen und mittleren Betrieben ohne Personalmanager hängt alles am Chef. Besonders die Aufgaben, die weniger Spaß bringen, aber gemacht werden müssen, wie administrative Aufgaben. Und natürlich gibt es auch unangenehme berufliche Themen. Steht beispielsweise ein schwieriges Gespräch mit einem Mitarbeiter an, belastet mich das auch in der Freizeit. Obwohl ich abends todmüde ins Bett falle, wache ich mitten in der Nacht auf, mein Hirn rattert. Ein Gedanke folgt auf den nächsten, ich komme nicht zur Ruhe, kann stundenlang nicht mehr einschlafen.

Doppelbelastung durch das neue Start-up

Und dann noch das neue Start-up. Neben meinem Familienunternehmen gründe ich gerade ein zweites Unternehmen, einen automatisierten Werkzeugverleih. „Muss das sein?", fragen andere. „Ja, es sichert unsere betriebliche Zukunft und ist eine tolle Innovation, die die Welt ein Stück besser macht", sage ich. So ein Start-up ist toll. Ich kann alles so machen, wie ich es will. Werkzeug Weber habe ich von meinem Vater übernommen – mitsamt aller Strukturen. Das war etwas völlig anderes.

Auf die zweite Firma möchte ich deshalb nicht verzichten. Wenn ich müde bin, denke ich mir: „Ich bin doch bei Weitem nicht die Einzige auf der Welt, die zwei Firmen leitet." Vermutlich liegt mein Problem hier: Mein Hirn produziert ständig neue Ideen, und die müssen irgendwo hin. Aber irgendwann muss das Hirnrattern doch mal aufhören, sonst wird man ja wahnsinnig.

In den drei bis vier Wochen vor der anfangs erwähnten Konferenz war ich in einem richtigen Tal. Vielleicht bin ich gerade noch so an einem Burnout vorbeigeschlittert? Ich weiß, dass ich etwas ändern muss. Aber was genau? Wie findet man als Unternehmer immer und immer wieder neue Energie? Damit sich das Karussell in meinem Kopf langsamer dreht und meine Motivation fürs tägliche Geschäft zurückkehrt, versuche ich ganz verschiedene Dinge.

1. Sprich!

Darüber reden, dass man gerade einen Durchhänger hat, tut schon mal gut. Lange habe ich mich damit schwergetan. Man will sich ja nicht als Schwächling zeigen und hören, dass die Leute sagen: „Was jammerst du denn da rum?"

Jetzt habe ich begonnen, über mein Motivationsloch mit Freunden, Bekannten, anderen Unternehmern und auch vertrauten Mitarbeitern zu reden. Und die Reaktionen sind gar nicht so schlimm wie befürchtet. Ganz im Gegenteil: Ich bekomme viele positive Reaktionen. Außerdem entlastet das Reden ungemein. Ich bekomme mehr Klarheit und höre auf, mich mit meinen Gedanken im Kreis zu drehen.

2. Fahr mal weg!

Freunde haben einen Wanderausflug geplant, und mit meinem Freund habe ich spontan eine Woche Urlaub gebucht. Das gab es schon länger nicht mehr. Denn er hat auch ein Start-up und ich ein Unternehmen und ein Gründungsprojekt – da bleibt viel Privates auf der Strecke. Aber ich habe gemerkt, dass mir diese kleinen Auszeiten guttun und neue Kraft geben.

Demnächst werde ich in ein Schweigekloster gehen und versuchen, dort ganz zur Ruhe zu kommen. Es sind zwar nur fünf Tage, aber fünf Tage ohne Smartphone, ohne soziale Medien, ohne Erreichbarkeit. Endlich Zeit, um mich bewusst mit mir selbst zu beschäftigen.

3. Mach etwas anderes!

Mir wurde häufig vorgeworfen, dass ich auf zu vielen Hochzeiten tanze, zwei Unternehmen und dazu die ganzen Ehrenämter. Aber interessanterweise ist es genau die ehrenamtliche Arbeit, die mich motiviert. Ich komme raus, treffe neue Leute und sehe etwas anderes. Zusammen etwas zu bewegen, macht richtig Spaß.

Die vielen Ehrenämter können natürlich auch belastend sein. Besonders wenn die Akkus sowieso schon leer sind. Und es gab Zeiten, in denen ich sieben verschiedene Ämter gleichzeitig hatte. Inzwischen sind es nur noch vier oder fünf. Ganz aufgeben könnte ich die Arbeit aber nicht.

4. Besinn dich!

Wenn ich frustrierende Aufgaben erledigen muss oder ein schwieriges Mitarbeitergespräch ansteht, erinnere ich mich an meine Vision als Unternehmerin. Ich erinnere mich daran, warum ich die ganze Arbeit eigentlich mache und dass der Fortbestand des Unternehmens für mich das Wichtigste ist. Das hilft mir, Abstand zu gewinnen und zu verstehen, warum auch unangenehme Dinge gemacht werden müssen.

5. Such nicht nach Patentrezepten!

Noch habe ich kein Mittel gefunden, um nicht wieder in ein Motivationsloch zu fallen. Ich glaube auch, dass es kein Patentrezept gibt. Es gibt gute Tage und weniger gute. Letztens haben wir Inventur gemacht und das Lager entrümpelt. An einem Tag haben wir 1,9 Tonnen Papier weggeworfen. Es hat richtig gutgetan, etwas zu machen, bei dem man am Ende des Tages ein Ergebnis sieht.

Vielleicht sind es solche kleinen Dinge, die meine Motivation zurückbringen. Vielleicht ist der Schlüssel, auf sich und sein Inneres zu hören. Ich versuche mir zu sagen: „Na und! Jeder hat mal einen schlechten Tag, oder?"

! Impulse kompakt

PS: Und an alle, denen es ähnlich wie mir geht, die auch mal etwas Lob und Motivation von außen gebrauchen könnten: Sie Unternehmer, Unternehmerinnen und Führungskräfte da draußen – Sie machen einen sauguten Job. Es ist toll, dass Sie all Ihre Energie und Ihr Herzblut in Ihre Unternehmen stecken und sich damit auch für andere engagieren. Danke!

#49

Ins kalte Wasser springen
Drei Gründe, warum es sich lohnt

Im Sommer nach Feierabend fahre ich gern mal an den See. Wenn ich dann am Wasser stehe und meinen Fuß hinein halte, zögere ich immer kurz und denke, dass es vielleicht doch zu kalt sein könnte. Wenn ich mich dann aber überwunden habe, ist es unglaublich angenehm und ich bin glücklich, dass ich den Sprung gewagt habe. Genau dieses Gefühl lässt sich auf viele Lebensbereiche übertragen.

Mit gerade mal 22 Jahren stand ich vor der großen Aufgabe, das Unternehmen meines Vaters zu übernehmen, der aufgrund von gesundheitlichen Problemen die Geschäftsführung abgeben wollte. Werkzeug Weber ist als Händler von Werkzeugen und Profi für Betriebseinrichtungen nicht gerade in einer Branche beheimatet, in der junge, blonde Frauen das Sagen haben. Ich habe aber nicht lange überlegt, sondern die Herausforderung direkt angenommen und es bis heute nicht bereut. Warum es sich also lohnt, öfter mal ins kalte Wasser zu springen, erkläre ich in den folgenden drei Punkten:

1. Du lernst dazu und wächst an Dir selbst

Raus aus der Komfortzone: Wir wissen alle, dass man am schnellsten Schwimmen lernt, wenn man einfach ins kalte Wasser geworfen wird. Hinter unserer überwundenen Angst liegt immer persönliches Wachstum. Das war bei mir nicht anders. Ich habe mich innerhalb kürzester Zeit in ein Metier eingearbeitet, von dem ich noch nicht viel Ahnung hatte. Von außen gab es beinahe nur kritische Stimmen, da mich außer meiner Familie niemand wirklich ernst genommen hat. Wenn ich in den Außendienst gefahren bin, haben die Kunden eher einen 50-jährigen Mann im Blaumann erwartet. Wer jedoch unterschätzt wird, hat es am Ende leichter, Erwartungen zu übertreffen als der, dem schon von Beginn an einiges abverlangt wird. Das war für mich also nur eine noch größere Motivation, es allen zu beweisen. Nicht nur fachlich habe ich mich weiterentwickelt, sondern ich habe auch mich selbst viel besser kennengelernt. Fragen wie „Wie bin ich drauf? Wie möchte ich führen? Wie bringe ich meine persönliche Note in das Unternehmen?" waren präsenter denn je. Henry Ford sagte nicht umsonst „Wer immer tut, was er schon kann, bleibt immer der, der er schon ist."

2. Du triffst mit der Zeit selbstbewusste und schnelle Entscheidungen

Mir selber zu vertrauen, ist eines der wertvollsten Dinge, die ich lernen durfte.
Bei den ersten Malen im kalten Wasser sucht man noch oft nach Bestätigung, schaut direkt nach einem Rettungsring oder greift nach dem Beckenrand. Wenn man aber ein paar Mal gesprungen ist, hat man Erfahrungswerte gesammelt und kann diesen mehr vertrauen. Ein großes Thema für mich ist hier meine Intuition. Mit der Zeit habe ich viel mehr Selbstbewusstsein gesammelt und würde so schnell nicht mehr gegen mein Bauchgefühl entscheiden. Tatsächlich ist immer nur dann etwas schiefgegangen, wenn ich das getan habe.

Schnelle Entscheidungen treffen zu können, ist für mich als Geschäftsführerin nämlich essentiell, da im Wartezustand zu verharren und überhaupt keine Entscheidung zu treffen schlecht für mein Unternehmen ist. Man braucht nicht immer einen komplett ausgefeilten Plan, sondern sollte schnellstmöglich in die Umsetzung und ins Handeln kommen, um Projekte dann iterativ weiterzuentwickeln. Ich beschäftige neuerdings zum Beispiel eine Führungskraft in Teilzeit. Das ist eher unkonventionell und wir schauen nun gemeinsam, wie es läuft.

3. Du erlebst neue Dinge , lernst neue Menschen kennen

Eine Sache, die beim Sprung ins kalte Wasser oft vergessen wird: Man hat Spaß! Wenn man neue Dinge ausprobiert, an denen man wächst, werden Adrenalin und Endorphine freigesetzt. Zu Beginn meiner Karriere hatte ich eine Teambuilding-Veranstaltung in einem Hochseilgarten besucht. Eine Aufgabe war der "Pamper Pole": Ein zehn Meter hoher Baumstamm, den man hochklettern sollte, um sich dann völlig ohne Haltegriffe auf die Spitze zu stellen und fallen zu lassen. Mich das zu trauen war eine riesige Überwindung. Dann aber zu erleben, dass ich tatsächlich den Mut in mir und die Kraft in meinen Beinen habe, war ein prägendes Erlebnis.
Genauso war es ein paar Jahre später, als ich das erste Mal auf einer Bühne meine

Geschichte erzählt habe. 350 Menschen saßen im Publikum und wollten hören, was ich zu sagen hatte. Danach war ich regelrecht angefixt, da vor allem der Austausch mit den Zuhörenden mir unglaublich viel gegeben hat. Andere Menschen zu inspirieren und ihnen wiederum Mut zum Machen zu geben ist eine riesige Motivation für mich. Beim Sprung ins kalte Wasser lernt man zudem immer wieder neue spannende Menschen kennen. Ich gehe zum Beispiel gerne auf Events, wo ich niemanden kenne, denn dann muss ich einfach raus aus meiner Blase. Eine ganz besondere Begegnung war für mich zuletzt ein Werteseminar mit Pater Amseln Grün. In dem Seminar musste man sich sehr verletzlich machen – vielleicht auch etwas, was zu jedem Sprung ins kalte Wasser dazugehört?

Impulse kompakt

Wann haben Sie das letzte Mal den kalten Sprung ins Wasser gewagt? Hadern Sie gerade mit einer Entscheidung? Was für Gründe gibt es noch, warum man öfter springen sollte?

#50

Sie werden ständig unterschätzt?
Seien Sie froh!

Im Beruf, in der Familie oder unter vermeintlichen Freunden: In fast allen Lebensbereichen gibt es Menschen, die Ihnen immer wieder verdeutlichen, wie wenig sie von Ihnen halten. Warum Sie sich darüber freuen sollten und wie Sie solche Offensiven für sich nutzen können.

Es ist noch gar nicht lange her, da war ich für viele nur die „Tochter von". Das kleine blonde Mädel eben, mit Flausen im Kopf und angeblich wichtigeren Dingen im Sinn als Lernen und Arbeiten. „Von Werkzeug hat die doch keine Ahnung", durfte ich mir oft anhören, als ich mit 18 Jahren den Werkzeughandel meines Vaters übernahm und plötzlich mit einer Welt konfrontiert wurde, in der ich zwar aufgewachsen bin, aber beruflich absolut keine Erfahrung hatte. Natürlich hätte ich mir denken können, dass mir solche Reaktionen entgegenschlagen, in einer männerdominierten Branche, in der nur wenige Frauen die Spitze erobern. Wollte ich aber nicht. Und das war auch gut so.

Was geschah, als Zulieferer und Kunden von der Übernahme erfuhren, kann sich wohl jeder denken. Die Begeisterung hielt sich in Grenzen. Als Konsequenz und eindeutige Antwort verlangten sie in Verhandlungen stets meinen Mann, bei Beschwerden wollten sie lieber den „richtigen" Chef sprechen und bei unternehmerischen Fragen war mein Vater nach wie vor Ansprechpartner Nummer eins, obwohl ich das Unternehmen längst übernommen hatte. Mit der Zeit hatte ich mich natürlich daran gewöhnt, dass ich von einigen Männern gezielt ignoriert wurde, weil ich, das „kleine Mädchen", in den Augen einiger anscheinend weniger kompetent war als die alten Herren, die das Unternehmen groß gemacht haben. Aber wenn ich ehrlich bin – und das ist die Wahrheit – war es mir von Anfang an egal.

Warum reden nicht immer hilft

Verstehen Sie mich nicht falsch: Ich kann die damalige Skepsis durchaus nachvollziehen. Dass die Tochter des ehemaligen Chefs plötzlich anfängt den Laden umzukrempeln und sich von heute auf morgen in die Führungsriege katapultiert, provoziert nun mal Stirnrunzeln. Dass die Schublade da gern aufgemacht, die Meinung reingepackt und dann wieder fest verschlossen wird, ist da schon fast verständlich. Menschen haben eben Vorurteile. Und da kann ich als 18-Jährige eben noch so sehr dagegen ankämpfen.

Natürlich ging das auch an mir nicht spurlos vorbei. Als junges Mädchen rutscht man da natürlich schnell mal in eine Phase der Rebellion, in eine Zeit des Selbstzweifels und des Trotzes. Man durchlebt Augenblicke, in denen man sich wünschte, einfach mal allen die Meinung geigen zu können. Momente eben, in denen man klipp und klar und zum zwölften Mal erklären möchte, wer hier die Chefin ist und klarstellt, dass eine junge, blonde Frau das nun mal genauso gut kann wie ein ergrauter, alter Herr. Doch weil Druck meist nur Gegendruck auslöst und Worte oft nur wenig ändern, war mir klar: Ich brauche eine andere Strategie.

Trauen Sie sich, den bunten Hund zu spielen

Statt verbal dagegen anzukämpfen, entschied ich mich für Taten. An sich war es ja nicht schwierig, die an mich gestellten Erwartungen zu übertreffen, denn allem Anschein nach waren die ja nicht besonders hoch. Umso größer war der Überraschungseffekt, als ich in Verhandlungen selbstbewusst über Strategien im Einkauf referierte, auf großen Konferenzen über Unternehmensführung sprach oder meinem Kunden mit Rat und Tat half, wenn der in der Produktion gerade nicht weiterwusste. Die Reaktionen im Anschluss reichten von „peinlich berührt" über „ziemlich baff" bis hin zu „vollkommener Anerkennung". Und ich erntete folglich doppelte Pluspunkte für etwas, das eigentlich gar nicht erst hätte in Frage gestellt werden dürfen.

Sie sehen: Der bunte Hund, der sich traut anders zu sein und aus den gängigen Klischees auszubrechen, bleibt einfach länger im Gedächtnis als die kleine, graue Maus. Und wer unterschätzt wird, hat es am Ende leichter, Erwartungen zu übertreffen als der, dem schon zu Beginn einiges abverlangt wird.

Warum die Einstellung zu sich selbst die wichtigste Waffe ist

Gerade Frauen tun sich damit aber leider oft noch schwer. Nicht damit, Erwartungen zu übertreffen, sondern vielmehr damit, Können zu beweisen und Erfolge zu feiern. Zu häufig reden sie Leistungen klein, stellen sich hinten an oder lassen dem männlichen Kollegen in Verhandlungen den Vortritt. Und warum? Weil Frauen oft nicht sehen, wie sie wirken und wer sie wirklich sind, wie ein mittlerweile bekanntes Video der Marke Dove beweist.

Die dort dargestellten Szenen zeigen deutlich, wie unterschiedlich Selbst- und Fremdwahrnehmung sein können. Die gezeichneten Frauen bezeichnen sich selbst als unauffälliger, durchschnittlicher und sogar unattraktiver als sie wirklich sind. Wer aber mit genau dieser Selbstwahrnehmung durch Beruf und Leben geht, wird oft auch als eben solcher Mensch wahrgenommen – und damit im Zweifel unterschätzt, für weniger kompetent gehalten oder schlichtweg nicht wahrgenommen.

Es liegt letztlich also allein an uns selbst, diese Meinung über uns ins Positive zu verkehren und das Unterschätzen anderer als Vorteil zu sehen. Ich für meinen Teil habe mich seit der Übernahme der Firma Jahr für Jahr weitergebildet, Schulungen belegt, Fortbildungen absolviert und gebe mein Wissen inzwischen selbst als Vortragsrednerin an andere weiter.

Impulse kompakt

Wer also alles gibt, selbstbewusst auftritt und damit beweist, dass vermeintliche Außenseiter Großes erreichen können, wird nicht nur andere positiv überraschen, sondern im Zweifel auch sich selbst.

#51

Unsere Schulen produzieren Lebensuntüchtige

In Schulen wird weder Selbstständigkeit noch Durchsetzungsstärke gelehrt

Nein, früher war nicht alles besser, auch nicht unsere Kinder. Zwar behauptet jede Generation von sich, sie sei die letzte gewesen, die noch eine anständige Bildung genossen habe und die überhaupt noch Anstand besitze, aber das beruht wohl mehr auf individuellen Erinnerungslücken als auf der Realität. Jeder, na ja fast jeder, hat in der Jugend ab und an über die Stränge geschlagen, fand Schule „scheiße", und überhaupt waren andere Dinge viel interessanter als „Die Leiden des jungen Werther" oder der Satz des Pythagoras. Und aus den meisten Jungrebellen ist doch was ganz Anständiges geworden. So weit, so gut. Also alles in Ordnung?

Nein, es ist nicht alles in Ordnung. Denn im Gegensatz zu früheren Generationen reicht der Fächerkanon der klassischen humanistischen Bildung im Korsett der allgemein verbindlichen Lehrpläne nicht mehr aus. Die Gesellschaft ändert sich schneller, als die von Bürokraten entwickelten Lehrpläne darauf reagieren können. Schon die Politik kann mit ihren Gesetzen nur noch reagieren. Zu schnell geht der technologische Fortschritt voran, ändern sich menschliche Bedürfnisse und gleichermaßen angebots- und nachfragegetriebene digitale Geschäftsmodelle. Ein schwerfälliges und zudem föderales System wie Schule steht da auf verlorenem Posten.

Wer heute zur Schule geht, droht verloren zu gehen

Es gilt zu verhindern, dass unsere Schüler und Absolventen verloren gehen. Verloren in einer Wirtschaftskrise, unselbstständig im Handeln und unfähig, am notwendigen Diskurs teilzunehmen. Unsere Schulen entlassen im Gegensatz zu früher mehr wissende Konformisten als universalgebildete Persönlichkeiten. Das macht der Wirtschaft zu schaffen und irgendwann auch der Gesellschaft. Denn Erfolg, Karriere, gesellschaftlicher und wissenschaftlicher Diskurs brauchen Individuen, die nicht nur für die Schule, sondern wirklich und wahrhaftig für das Leben lernen.

Schule vermittelt Wissen, aber sie bereitet nicht mehr auf das Leben vor – noch weniger als zu früheren Zeiten. Denn „das Leben" ist fragmentierter, vielseitiger und komplexer geworden. Hierauf braucht es dringend Antworten. Längst unterscheidet sich in vielen Fällen die Wahrnehmung der Schüler von der der Lehrer. Das gab es immer, weil verschiedene Generationen natürlich andere Wahrnehmungen haben. Aber heute geht es um mehr. Die Medienkompetenz sei hier als Beispiel genannt: Die meisten Zwölfjährigen werden wohl in Sachen Internetnutzung der 55-jährigen Lehrerin etwas vormachen. Wer hat jetzt mehr Kompetenz? Diese Frage lässt auch Autoritäten schwinden und stellt schulisches Wissen zunehmend infrage.

Damit ich richtig verstanden werde: Allgemeinbildung ist wichtig. Alle schulischen Fächer sind wertvoll und wichtig. Schule leistet insgesamt eine sehr gute Arbeit. Die meisten Lehrer sind auch sehr engagiert und die meisten Schüler sind keine Bildungsverweigerer. In dieses Wehklagen möchte ich nicht einstimmen. Es wäre auch falsch.

Mir fehlen Themen wie Geldanlage, Ökologie oder Verträge im Unterricht

Aber Schule, oder vielmehr der Unterricht, braucht ein Update. Das klassische Wissen ist überall verfügbar. Dank Künstlicher Intelligenz, Algorithmen und intelligenter Google-Suche ist die Krönung Karls des Großen sowohl als Datum als auch im historischen Kontext schnell zu erfassen. Wie man aber selbstständig denkt, wie man eine Debatte rhetorisch, schlagfertig, wertschätzend und intellektuell führt, wie man sich im Leben behauptet und seine Ziele erreicht, das vermittelt Schule – und auch Google – leider nicht.

Diese wichtigen Dinge lehren uns nur Erfahrungen, und zwar frühzeitige. Wichtige Themen und die damit verbundenen Erfahrungen fehlen aber komplett im Unterricht. Geldanlage oder im weiteren Sinne: Wie funktionieren Geld und die Wirtschaft? Nachhaltigkeit und ökologische Zusammenhänge? Oder schlicht die Frage: Wie sieht ein Vertrag aus? Diese Themen wären aber wichtig, um unsere Kinder lebenstüchtig zu machen. Wie wäre es, wenn man das Geld- und Zinssystem anhand von Formeln im Mathematikunterricht lehren würde? Wie wäre es, im Deutschunterricht einen Versicherungsvertrag sprachlich zu vermitteln und Bezüge zwischen Alltags- und Behördensprache herzustellen? Wie wäre ein modernes Buch zum Thema Ökologie im Englischunterricht? Und wie wären Lehrinhalte wie Debattenkultur und Mediennutzung im Fach Informatik? Die Reihe ließe sich fortsetzen.

Es geht darum, die klassischen Schulfächer mit Blick auf die heutige Praxis zu transformieren. Dann würde Lernen vielen auch mehr Freude machen, denn sie würden sofort den Nutzen erkennen. Sie würden auf das Leben vorbereitet. Und auch die Wirtschaft wäre dankbar, denn nicht selten müssen die Ausbildungsbetriebe hier einspringen und Wissenslücken schließen.

In vielen Betrieben muss zunächst eine Lebensberatung stattfinden

Dass immer mehr Auszubildende, die frisch aus der Schule kommen, den Dreisatz nicht beherrschen und keine drei Zeilen fehlerfrei schreiben können, wie es viele Betriebe beklagen, ist schlimm genug. Aber das lässt sich leicht ändern – auch im Betrieb, an den praktischen Beispielen des Berufes. Dass aber in vielen Betrieben zunächst eine Lebensberatung stattfinden muss, lässt zweifeln. Jeder Betrieb wünscht sich Individuen, die in der Lage sind, ihre Wünsche und Ziele angemessen zu formulieren, die auch im Privaten Selbstfürsorge und -vorsorge treffen können und die sich einbringen in Betrieb, Gesellschaft und Debatten.

Es wäre an der Zeit, die Schulen wieder zu Bildungsanstalten zu machen, im Sinne holistischer Bildung, der Persönlichkeitsentwicklung, der Lese-, Lern- und Debattenkompetenz, statt sie zu reinen Wissensvermittlungseinheiten zu degradieren. Wissen ist, wie schon gesagt, letztlich überall verfügbar. Bildung hingegen ist ein Grundrecht und ein zutiefst menschliches Bedürfnis. Bildung ist das, was wir brauchen, für unsere pluralistische, heterogene Gesellschaft und für unsere Betriebe, die technologisch wieder führend werden wollen und müssen. Dieser Führungsanspruch braucht junge Menschen, die frei im Geiste sind, die Kontroversen auslösen und als Vorteil für sich und ihre Aufgaben nutzen. Unsere Schulen aber erziehen sie nicht zu dieser Freiheit, sondern zur Abhängigkeit.

Schluss mit dem Selbstbild vom ausgebeuteten Angestellten

Selbstständigkeit? Kein Thema! Die Schule schafft ein Menschenbild des ausgebeuteten, angestellten, in Knechtschaft existierenden Menschen, der für einen bourgeoisen Ausbeuter gegen schlechte Bezahlung sein Dasein fristet. Wie man aber eine Gehaltsverhandlung führt, wie man ein Unternehmen gründet, wie man Innovationen startet und wie man seinen eigenen beruflichen Marktwert einschätzt, das sagt den Kindern und Jugendlichen niemand. Dabei wäre genau dies so wichtig. Das Leben ist bunt und voller Möglichkeiten. Viel bunter, als es Schule und Lehrpläne vermitteln. Was Schule nicht schafft oder nicht schaffen kann, muss dann woanders erlernt werden – in einem Ehrenamt zum Beispiel oder in außerschulischem Engagement. Doch dazu braucht es ebenfalls Ermutigung und Ermächtigung. Ermutigung, sich selbst einzubringen, und Ermächtigung, zu entscheiden, wie und wo. Nur wer sich ausprobieren darf, kann wachsen und reifen. Den Wunsch nach Wachstum gilt es zu wecken – im Elternhaus, aber eben auch in der und durch die Schule.

Ein Beispiel für ein solches Engagement ist Plant-for-the-Planet. Ich unterstütze die Stiftung mit einem eigenen Verein in Aschaffenburg und sammele Spenden, mit denen wir das möglich machen. Kinder pflanzen hier Bäume für den Klimaschutz. Sie lernen biologische und ökologische Zusammenhänge kennen – in der Praxis. Sie bekommen Spaß am Handwerk und an Outdoor-Aktivität. Sie lernen verhandeln und die Grundsätze der Politik. Und sie lernen den Umgang mit anderen Menschen und Teams.

Ich bin immer wieder sehr beeindruckt, wenn ich sehe, was sie dabei alles leisten. Etwa wenn ein junges Mädchen den Bürgermeister einer mittelgroßen Stadt mal eben als Schirmherrn eines Projektes gewinnt oder eine Gruppe Kinder an einem Marktstand ehrenamtlich Schokolade verkauft und dabei Passanten anspricht. Sie tun das mit Freude. Sie wurden dazu ermutigt – auch durch die Schule. Solche Schulen sind vorbildlich. Gern hätte ich mehr davon.

Impulse kompakt
Was denken Sie? Was können wir aktiv tun, um etwas zu ändern?

#52

Sei mehr wie Pippi Langstrumpf – und mach, was dir gefällt

Alles ist möglich!

Am Lebensende bereuen viele Menschen, im Leben zu wenig gewagt zu haben. Eine leidvolle Erkenntnis, die beinahe jeder ganz einfach vermeiden kann, wenn er sich von seinen Denkgrenzen löst. Sich zu trauen ist heute beinahe gängig – zumindest den Lippenbekenntnissen nach. Die Handlung dahinter stellt für viele Unternehmer dann doch noch ein Wagnis dar. Aber warum eigentlich?

Als mich mein Vater bat, seinen Werkzeughandel zu übernehmen, war mir direkt klar: Ich mach' das. Ziemlich naiv könnte man meinen, schließlich war ich gerade 18 Jahre alt und dem Schulhof näher als dem Chefsessel. Niemand glaubte auch nur ansatzweise, dass ich, das kleine, blonde Mädchen aus Aschaffenburg, die neue Chefin eines etablierten Mittelständlers sein könnte. Werkzeug, das ist schließlich nur was für Männer. Und überhaupt: Was will eine junge Frau mit so einem Betrieb? Deutlich ist, dass außer meiner Familie nur die wenigsten an mich geglaubt haben. Doch die Chance war nun mal da – und ich habe sie ergriffen.

Natürlich war all das ein Wagnis. Viele Geschäftspartner nahmen mich anfangs nicht ernst, fragten stets nach meinem Mann, wenn es um Verhandlungsfragen ging. Hinzu kam: Ich hatte wenig Ahnung vom Metier, wurde oft belächelt und investierte bei all der Skepsis auch noch meine jungen Jahre in die Entwicklung von Schraubenschlüsseln und Werkbänken statt mit Rucksack um die Welt zu reisen. Es war wirklich nicht leicht. Doch aufgeben kam einfach nicht in Frage, ich wollte es allen beweisen.

„Dir bieten sich keine Chancen?
Dann erschaffe Sie Dir selbst!"

Zwei Jahrzehnte später weiß ich: Es war der richtige Weg. Nicht nur, weil es mir gelang, den Umsatz zu verfünffachen und den unternehmerischen Erfolg der Firma grundlegend neu zu gestalten. Sondern vor allem, weil ich darin bestätigt wurde, Chancen zu ergreifen, die auf den ersten Blick nur schwer realisierbar oder gar aussichtslos scheinen. Gedanken wie: „Ich kann das nicht, ich bin viel zu jung, ich habe doch keine Ahnung", habe ich seitdem aus meinem Kopf gestrichen und Hindernisse zu Abenteuern gemacht, die ich erleben darf. Und umso größer die Barrieren, die mir da in den Weg gestellt werden, umso größer mein Ehrgeiz, sie zu bewältigen.

Sicherlich sagt sich der eine oder andere an dieser Stelle: Das ist ja alles schön und gut, aber solche Chancen und Möglichkeiten bieten sich ja nicht jedem. Und es stimmt! Damit haben Sie absolut recht. Solche Gelegenheiten fallen nicht vom Himmel. Jeder muss oft aktiv etwas dafür tun, sie manchmal sogar regelrecht suchen. Was ich damit meine? Hier ein Beispiel.

Seit einigen Wochen beobachte ich die Veröffentlichungen von XING auf Facebook und bin kürzlich über einen Artikel gestolpert, in dem Arbeitnehmer über ihre Erfahrungen aus Bewerbungsgesprächen berichten. Die Sicht der Arbeitgeber aber fehlte völlig, doch genau das wollen Bewerber doch wissen: Wie denken Chefs? Was verlangen sie? Worauf legen sie Wert?

Ich entschloss mich also, dem Social-Media-Team zu schreiben. Ich stellte mich vor, schickte ihnen einen Link zu meiner Website und bot ihnen einen Text an. Und siehe da: Kurze Zeit später hatte ich die Zusage für das Debattenformat „XING Klartext" zu schreiben und darüber hinaus regelmäßig als Insiderin über meine Branche und Erfahrungen als Unternehmenslenkerin zu berichten. Eine wahnsinnige Überraschung. Hätte ich XING nicht angeschrieben, würde ich jetzt nicht schreiben.

Visionen bleiben Visionen, wenn man sie
nicht in die Tat umsetzt!

Erlebnisse wie dieses zeigen mir immer wieder: Ich darf mich nicht verstecken und warten, bis Leute auf mich zukommen. Da draußen wartet schließlich keiner auf mich. Stattdessen muss ich selbst aktiv werden, Ideen anbieten, hartnäckig bleiben.

Und vor allem stets den Mehrwert für alle Parteien betonen. Leute, die nur die Hand aufhalten, mag schließlich keiner.

Sicherlich endet die ein oder andere Anfrage auch mal mit einer Absage und damit mit einem vermeintlichen Rückschlag. Doch wer akzeptiert, dass „Nein" nur ein Wort mit vier Buchstaben ist und die Welt davon nicht untergeht, wird von Tag zu Tag mutiger und lernt, mit negativer Resonanz besser umzugehen. Ab und zu ergeben sich sogar Aufträge, weil man einem einstigen Geschäftspartner trotz Absage in Erinnerung geblieben ist – und dieser die Anfrage an einen Geschäftspartner weitergeleitet hat. So wird aus einer Absage eine tolle Chance mit neuen Kontakten.

Wenn ich also eins mit auf den Weg geben darf, dann: Seien Sie mutiger und gehen Sie Chancen aktiv an. Fragt man Menschen an den letzten Tagen ihres Lebens, was sie nach all den Jahrzehnten am meisten bereuen, hört man schließlich nie: „Ach, wäre ich doch bloß feiger gewesen". Nein: Seien Sie selbstbewusst, trauen Sie sich aufdringlich zu sein und erinnern Sie sich im Zweifel an dieses schöne Zitat von Astrid Lindgrens Pippi Langstrumpf:

Impulse kompakt
„Das haben wir noch nie probiert! Also geht es sicher gut."
Pippi Langstrumpf

EPILOG

Epilog

Epilog

Führung der Zukunft ist komplex und gleichzeitig bei weitem nicht so kompliziert, wie sie uns präsentiert wird. Die zentrale Herausforderung und das absolute Muss ist für mich die Übernahme von Verantwortung für mich, mein Handeln und meine Werte, die ich vorlebe. Dies gilt gleichermaßen für meine Familie, mein Unternehmen, meine Mitarbeiter und natürlich auch Teile der Gesellschaft.

Neu zu denken, und vor allem groß zu denken, sind keine Raketenwissenschaften. Mit dem entsprechenden Mut und den richtigen Zielen – diese wird jeder individuell formulieren – können wir umdenken und anderen zeigen, wie leicht dieser Prozess im Grunde genommen sein kann. Lösungsorientiertes Handeln und Planen ist die halbe Miete, auch wenn man natürlich nie vor plötzlichen Überraschungen, Rückschlägen oder auch Veränderungen gefeit ist. Die Führungskraft der Zukunft hat verinnerlicht, dass Theorien in dem Moment bereits veraltet sind, indem man sie schreibt. Während ich diese Worte schreibe, haben sich im Hintergrund schon weltweit neue Idee gezeigt, Ideen präsentiert oder es haben sich Wege getrennt. Dynamische Prozess der Unternehmenskultur passen sich an – Führung muss individuell und einzeln stattfinden. Führung ist immer neu, die ihr zugrundeliegenden Werte jedoch sollten fest verankert sein oder sich zu noch mehr Teilhabe, Offenheit und Wunsch nach Verbesserung ausrichten.

Meine Arbeit mit Start-up Unternehmen war immer schon dezentral. Dies ist nicht erst seit der Krise der Fall und dennoch erlebe ich die Projekte auch neu. An vielen Stellen ist Führung auf Distanz neu. Es gilt, Begeisterung zu vermitteln, andere also glaubwürdig mitzuziehen und Werte zu vermitteln. Langfristig etablieren sich die Firmen, die Werte schaffen, daran gilt es für mich nichts zu rütteln. Lange Zeit hat Unternehmertum dieses böse Bild vermittelt, bei dem Unternehmen alles zerstören oder ganze Zweige zum Nachteil der großen Masse alles trockenlegen. Dabei sorgen wir für Stabilität in der Gesellschaft und mit unserer Arbeit für einen Werteerhalt. Nicht die Gewinnmaximierung steht im Fokus, sondern die Wertegemeinschaft. Ein Phänomen der Vorurteile, dem ich auch nach all den Jahren staunend gegenüberstehe. Es gibt genügend ehrbare Unternehmer, die einen tiefen Sinn verfolgen und nicht den einen Shareholder nach oben bringen wollen.

Statt eine Ohnmacht dem Wirtschaftssystem gegenüber zu leben, möchte ich andere dazu ermutigen, an ihre Visionen und Innovationen zu glauben. Als junge Unternehmerin in einer männerdominierten Welt ernte ich unterschiedlichste Reaktionen, jedoch kann mich keine einzige umhauen! Mutig setze ich jeder Form der Auseinandersetzung meine Erfahrung aus zwei Jahrzehnten als Geschäftsführerin entgegen – wahrer Erfolg zeigt sich für mich daran, wie souverän ich mit allen Menschen und Themen umgehe, die sich mir zeigen. Führung rückt wieder in den Mittelpunkt – spätestens in den letzten Jahren haben die meisten begriffen, dass sie sich selbst führen müssen, wenn sie Herausforderungen bestehen und meistern wollen. Nur wer sich selbst aufbaut, zentriert und weiterbildet, kann als Unternehmer beständig sein. Führungskräfte sind heute herausgefordert – vielleicht mehr als je zuvor. Sie müssen ihren Führungsstil grundlegend ändern oder zumindest in einigen Bereichen überarbeiten, wenn sie weiterhin beständig und produktiv sein möchten.